食物と健康の科学シリーズ

ゴマの機能と科学

並木満夫
福田靖子
田代　亨
............［編］

朝倉書店

執筆者

＊並木　満夫	名古屋大学　名誉教授	
＊田代　　亨	千葉大学　名誉教授	
＊福田　靖子	前 東京農業大学応用生物科学部　客員教授	
増田　恭次郎	富山大学理学部　客員教授	
西野　栄正	千葉大学　名誉教授	
種坂　英次	近畿大学農学部　教授	
山本　将之	富山大学大学院理工学研究部（理学）　講師	
吉田　元信	近畿大学農学部　教授	
山田　恭司	富山大学大学院理工学研究部（理学）　教授	
大潟　直樹	農業・食品産業技術総合研究機構作物研究所　上席研究員	
高崎　禎子	信州大学学術研究院（教育学系）　教授	
片山　健至	香川大学農学部　教授	
次田　隆志	岡山学院大学人間生活学部　教授	
山野　善正	おいしさの科学研究所　理事長	
菅野　道廣	九州大学・熊本県立大学　名誉教授	
大澤　俊彦	愛知学院大学心身科学部　教授	
望月　美佳	愛知学院大学心身科学部　助教	
勝崎　裕隆	三重大学大学院生物資源学研究科　准教授	
並木　和子	椙山女学園大学　名誉教授	
山下　かなへ	前 椙山女学園大学生活科学部　教授	
池田　彩子	名古屋学芸大学管理栄養学部　教授	
井手　　隆	十文字学園女子大学人間生活学部　教授	
上馬場　和夫	帝京平成大学ヒューマンケア学部　教授	
武田　珠美	熊本大学教育学部　教授	
佐藤　恵美子	新潟県立大学人間生活学部　教授	
竹井　瑤子	大阪教育大学　名誉教授	
田村　　仁	長谷川香料株式会社総合研究所技術研究所　主任研究員	
太田　尚子	日本大学短期大学部食物栄養学科　教授	
合谷　祥一	香川大学農学部　教授	
長島　万弓	中部大学応用生物学部　教授	
株式会社真誠		
小泉　幸道	東京農業大学応用生物科学部　教授	
かどや製油株式会社		
カタギ食品株式会社		
崔　　春彦	前 オットギ食品株式会社	
藤本　博也	兼松株式会社食品第一部農産加工品課　課長	

（執筆順，＊は編者）

は じ め に

　アフリカ中央高原からエジプトに下りてきた一粒のゴマに始まった世界のゴマの壮大な発展の道と比類のない機能性について，最新の栽培科学と食品科学の成果を世界で初めて紹介したのが前書『ゴマの科学』（朝倉書店，1989）である．しかし，それが出版されてからはや25年以上になる．その間にゴマの科学はさらに深くさらに広く進展し，たとえば『ゴマ　その科学と機能性』（丸善プラネット，1998）では，ゴマの興味ある栽培の歴史と新しい機能性が紹介されている．
　しかし，驚くべきことに一粒のゴマにはなお探れば探るほどに興味ある歴史と優れた機能性が隠されていた．まさに「イフタフ・ヤー・シムシム（開けゴマ）」である．こうしたゴマの秘密を明らかにしたのが日本の栽培植物学と機能性食品科学の研究陣で，その成果は世界で非常に高く評価されている．
　今日，生命科学も大きく進歩し，日本は世界一の長寿国になった．しかし長寿になっても，それは活力ある長寿でなければならない．今は寝たきりでも何年も生きられるが，本当に「活力ある長寿」を実現するために力を発揮するのが，ゴマである．幸いなことにその魔力をもったゴマはいつでも手に入り，しかも類いないおいしさでわれわれの日常の食を盛り上げてくれている．
　こうした状況を踏まえて今回，『ゴマの科学』を一新してここに『ゴマの機能と科学』として出版することになった．日本の，そして世界の皆様が，この比類のない秘宝のゴマのことをよく学び，よく楽しんで充実した人生を送られんことを心からお祈りする．
　なお，本書の刊行にあたっては，日本ゴマ科学会が中心となり，食品栄養科学分野は福田靖子先生が，栽培科学分野は田代　亨先生が総括されて，刊行において朝倉書店編集部の尽力によったものであることを特に記して謝意を表する．

2014年12月

並木満夫

目　次

1. ゴマの栽培と機能性の歴史 ·· 1
   1.1 ゴマの起源と歴史 ···〔田代　亨〕··· 1
   1.2 ゴマの伝承的効用とその科学 ···〔並木満夫〕··· 2
   1.3 栽培・生産・加工技術の発展 ··················〔田代　亨・福田靖子〕··· 5

2. ゴマの栽培および育種 ·· 8
   2.1 ゴマの遺伝資源と形態学 ·· 8
      2.1.1 ゴマの遺伝資源 ···〔増田恭次郎〕··· 8
      2.1.2 ゴマの形態学 ···11
      2.1.3 種子の構造 ···〔西野栄正〕··· 17
   2.2 ゴマの栽培 ···21
      2.2.1 種子の発芽と休眠 ···〔種坂英次〕··· 21
      2.2.2 栽培環境と作付け体系 ···〔田代　亨〕··· 23
   2.3 ゴマの細胞分子遺伝学 ···25
      2.3.1 染色体と分類体系 ···〔山本将之〕··· 25
      2.3.2 遺伝解析 ···28
      2.3.3 ゴマ種子タンパク質 ···〔吉田元信〕··· 30
      2.3.4 ゴマにおける遺伝子操作の現状と展望 ···············〔山田恭司〕··· 35
   2.4 ゴマ育種の現状と展望 ···〔大潟直樹〕··· 38
   2.5 ゴマの品種と化学成分 ···〔田代　亨〕··· 41
      2.5.1 品　種 ···41
      2.5.2 化学成分 ···42
   2.6 ゴマの栽培環境と化学成分 ·····································〔田代　亨〕··· 47

	2.6.1	産地による差異 ·· 47

　2.6.1　産地による差異 ··· 47
　2.6.2　播種期による差異 ·· 47
　2.6.3　施肥条件による差異 ··· 48
　2.6.4　さく果の着生位置間による差異 ·································· 49
　2.6.5　種子熟度による差異 ··· 49
　2.6.6　種子の構成部位による差異 ·· 50

3. ゴマの食品科学 ·· 52
3.1　ゴマの食品成分 ··〔高崎禎子〕··· 52
3.2　ゴマリグナン ···〔並木満夫・福田靖子〕··· 56
　3.2.1　主なゴマリグナン類の種類と機能 ································ 56
　3.2.2　リグナンの生合成 ···〔片山健至〕··· 60
3.3　ゴマのおいしさの科学 ·································〔次田隆志・山野善正〕··· 66
　3.3.1　ゴマのおいしさに関与する要因 ··································· 66
　3.3.2　ゴマの味 ··· 67
　3.3.3　ゴマのにおい ·· 68
　3.3.4　ゴマのテクスチャー ··· 68

4. ゴマの栄養と健康の科学 ·· 70
4.1　ゴマの栄養機能 ··〔菅野道廣〕··· 70
　4.1.1　栄養機能について ·· 70
　4.1.2　ゴマペプチド ·· 71
　4.1.3　ゴマアレルギー ··· 71
4.2　ゴマリグナン類の機能研究の最近の話題 ····························· 72
　4.2.1　ゴマリグナンの酸化ストレス制御作用 ···〔大澤俊彦・望月美佳〕··· 72
　4.2.2　ゴマリグナンの血管内皮細胞への効果 ···〔望月美佳・大澤俊彦〕··· 77
　4.2.3　ゴマリグナンによる白血病細胞の増殖抑制 ········〔勝崎裕隆〕··· 80
　4.2.4　ゴマの血液サラサラ効果 ······························〔並木和子〕··· 82
　4.2.5　ゴマリグナンの機能性研究の今後の動向 ·········〔勝崎裕隆〕··· 86
4.3　ゴマリグナンのビタミン増強・調節作用 ····························· 87

目次

- 4.3.1 老化抑制効果とゴマリグナンのビタミン E 増強効果
  ……………………………………………〔山下かなへ〕… 87
- 4.3.2 トコトリエノールとゴマリグナンによる紫外線照射傷害予防効果
  ………………………………………………………………… 92
- 4.3.3 ゴマリグナンのビタミン K 濃度上昇作用…………〔池田彩子〕… 95
- 4.3.4 ゴマリグナンのビタミン C 合成調節作用……………………… 96
- 4.3.5 エンテロラクトン前駆体としてのゴマリグナンの作用……… 98
- 4.4 ゴマリグナンの脂肪酸代謝への影響………〔井手 隆・菅野道廣〕… 99
  - 4.4.1 n-6 系, n-3 系脂肪酸の生体内不飽和化反応に及ぼす影響……… 99
  - 4.4.2 脂肪酸 β 酸化, 生合成に及ぼす影響…………………………… 104
  - 4.4.3 コレステロール代謝と血清脂質濃度・動脈硬化に及ぼす
    ゴマリグナンの影響………………………………………………… 110
- 4.5 ゴマリグナンの健康機能……………………〔井手 隆・菅野道廣〕… 116
- 4.6 インド伝統医学におけるゴマ油の活用―薬用ゴマ油を使った
  オイルマッサージの複雑な作用機序―……………〔上馬場和夫〕… 118
  - 4.6.1 ゴマ油を主に外用するインド伝統医学の合理性……………… 118
  - 4.6.2 アーユルヴェーダの歴史と基礎理論, ゴマやゴマ油の位置づけ… 119
  - 4.6.3 古典的なゴマ油の作用や副作用を説明する現代医学的研究結果… 120
  - 4.6.4 薬用ゴマ油の吸収動態や作用に関する研究…………………… 121

5. ゴマの食品加工と調理の科学……………………………………………… 123
- 5.1 ゴマ利用の歴史………………………………………………………… 123
  - 5.1.1 世界のゴマ食文化………………………〔武田珠美・福田靖子〕… 123
  - 5.1.2 日本のゴマ利用と食文化………………〔武田珠美・佐藤恵美子〕… 127
- 5.2 ゴマの調理加工………………………………………………………… 132
  - 5.2.1 ゴマの加熱香気成分…………………………………………… 132
    - a. ゴマの加熱香気研究について………………〔竹井瑤子〕… 132
    - b. ゴマの加熱香気成分の特徴…………………〔田村 仁〕… 132
  - 5.2.2 ゴマタンパク質とその特性…………………………〔太田尚子〕… 136
  - 5.2.3 ゴマに含まれる界面活性物質…〔合谷祥一・次田隆志・山野善正〕

　　　　　　　　　　　　　　　……………………………………………………………141
　5.2.4　炒り・すりゴマとゴマペーストの調理科学………〔武田珠美〕…143
　5.2.5　ゴマ豆腐の調理科学………………………………〔佐藤恵美子〕…149
5.3　ゴマの食品加工の進展……………………………………………………152
　5.3.1　新技術導入による伝統的ゴマ加工品……〔福田靖子・長島万弓〕…152
　5.3.2　食品ゴマの精選加工技術……………………〔株式会社真誠〕…157
　5.3.3　ゴマの微生物発酵……………………………………〔小泉幸道〕…161
　5.3.4　発芽ゴマの食品特性と登熟過程ゴマの成分変化
　　　　　……………………………………〔長島万弓・福田靖子〕…165
　5.3.5　黒ゴマの機能性………………………………………〔長島万弓〕…170

6. ゴマ油の特性と食品・調理加工……………………………………………173
6.1　ゴマ油の種類と特徴……………………………………〔福田靖子〕…173
6.2　ゴマ油のリグナン類……………………………………………………174
6.3　ゴマ油の酸化安定性の特徴－自動酸化と熱酸化－……………………176
　6.3.1　ゴマ油の自動酸化安定性…………………………………………176
　6.3.2　ゴマ油の熱酸化安定性……………………………………………178
6.4　ゴマ油の健康機能………………………………………………………180
6.5　ゴマ油製造工程………………………………〔かどや製油株式会社〕…181
　6.5.1　ゴマ種子原料…………………………………………………………183
　6.5.2　焙煎ゴマ油……………………………………………………………183
　6.5.3　精製ゴマ油・ゴマサラダ油…………………………………………184
6.6　ゴマ油－今後の展望－…………………………………〔福田靖子〕…185

7. ゴマの生産と需要の動向……………………………………………………186
7.1　世界のゴマ生産・需給と今後の展望………〔カタギ食品株式会社〕…186
7.2　日本のゴマ生産…………………………………………〔大潟直樹〕…188
7.3　日本のゴマ需給と展望………………………〔カタギ食品株式会社〕…191
7.4　韓国のゴマ需給と展望…………………………………〔崔　春彦〕…193
7.5　中国のゴマ需給と展望…………………………………〔藤本博也〕…196

8. 「ゴマの機能と科学」の展望……………………………………199
　8.1　ゴマの生産科学とその展開………………………〔田代　亨〕…199
　8.2　ゴマの食品開発と展望……………………………〔福田靖子〕…201

索　　引……………………………………………………………………205

1 ゴマの栽培と機能性の歴史

1.1 ゴマの起源と歴史

ゴマはゴマ科（Pedaliaceae），ゴマ属（*Sesamum*）に属する1年生の草本である．ゴマ属は現在約45種が知られ，アフリカやインドなど，主に熱帯地域に広く分布するが，大半の種はアフリカのサバンナ地帯に自生している．数種は栽培も行われ，特に *S. indicum* L. は熱帯から温帯地域にかけて広い範囲で栽培されている[2]．

ゴマはきわめて古い作物の一つで，その起源地については諸説がある[1]．カール・フォン・リンネ（1784）は当時インドがゴマの大生産地であったことから，学名をセサマム・インディカム（*S. indicum* L.）とした．ド・カンドル（1882）はジャワ島を起源地であるとし，ニコライ・ヴァヴィロフ（1926）はインド，エチオピアおよび中央アジアをそれぞれ第一次発祥中心地としている．ヒルデブラント（1932）はアフリカ（東南部および南西部）を発祥の第一センターとした．また，ネイヤーとメラ（1970）はエチオピアとインド亜大陸に，互いに無関係独立的に発祥したとしている．小林（1986）は染色体数変異の細胞遺伝学的な見地から野生種（$2n=26, 32, 64$）の大半が分布しているアフリカ大陸を発祥地とした．そして，栽培原始種の発祥地をスーダンのナイル川流域のサバンナ地帯とし，そこを起点として横すべりして熱帯地域へ伝播した熱帯型ゴマと，北上して温帯適応型に変わり温帯地域へ伝播した温帯型ゴマとに分化したとしている[1]．

ゴマの栽培は非常に古く，紀元前3000年以前にナイル川流域ですでに始まっていた[1]．エジプト，インダス，メソポタミア，黄河の四大文明地域はじめその他の文明地域でも古代より行われてきた歴史がある．小林[1]によれば，熱帯型ゴ

マはアフリカ東部から海上を経てインド南部に伝わり，さらにインドシナ半島を通って，東インド諸島からオーストラリアへと伝播した．一方，温帯型ゴマはナイル川流域やチグリス・ユーフラテス川流域を経てユーラシア大陸を東進し，北インド，中国，朝鮮へと伝わり，そして日本に伝播した．エジプトでは，紀元前4000〜3000年頃に築いたカイロのピラミッドからゴマがコムギとともに発見された．日本では，紀元前1200年頃と推定されている縄文時代晩期の新福寺貝塚遺跡（埼玉県）からゴマがソバ，ウリ，アズキなどとともに出土している[1]．

古代，ゴマは数少ない油糧作物の一つで，食用とともに薬用や灯火用の油として貴重な種子とされていた．ゴマは貯蔵性が高く，独特の香りと"こく"をもつ栄養価の高い食品である．ゴマがもつ優れた食品機能性は伝播の過程で各地に受け入れられ，独自のゴマ食文化を作り上げた．伝播の終着点である極東の日本では，多彩なゴマ食文化が大きく開花し，日常語のなかに「ごまかす」や「ごますり」のようにゴマを使った表現が登場する[1]．今日，日本・韓国・中国など東アジアの諸国ではゴマが健康食品として再認識され，需要は年々拡大している．欧米でも同様にゴマの健康食イメージが浸透するとともに需要は高まっている．

〔田代　亨〕

文　献

1) 小林貞作（1986）．ゴマの来た道，岩波新書．
2) 小林貞作他（1998）．ゴマ　その科学と機能性（並木満夫編），pp. 193-201，丸善プラネット．

◆ 1.2　ゴマの伝承的効用とその科学 ◆

ゴマは，人類の農耕文化発祥地の一つ，アフリカサバンナ地帯で，6000年以上前に雑穀やウリ類などとともに原始的栽培が始まったとされている．当時，ゴマをどのように利用していたか不明だが，貴重なものであったことが，パピルスや粘土版に象形文字や楔形文字で刻まれた断片的な記録や遺跡の発掘物などから推測されている．

ゴマは雑穀や豆と比べて，油分が50%と多く，皮も薄いので，乾燥した後，搗いて，流れ出た油分を利用し，残りのペースト状のもの（タヒーナ）は，デン

プン等を主成分とする雑穀などと混合することによりコクのある食材として菓子やポタージュ様の料理の素材とし，利用していたのであろう．

　ゴマの油は，オレイン酸とリノール酸を主とする半乾性油に属し，ビタミンE（γ-トコフェロール）やゴマリグナンを含み抗酸化能が高いので，食用以外に，肌に塗布してもべとつきが少ない．西アジアなど灼熱の地では皮膚を酸化から守る薬用油にするとともに，灯用としても用いられ，生活に必須の存在となり，非常に貴重な油となっていた．そのことは，古代エジプトの商人が現地人とゴマ1粒とウシ1頭を交換した話が広がっていて，ピラミッドの建設に役立ったとか，アッシリア（紀元前2000年）で，銀貨とゴマの交換レートが記録されていたという伝承や記録物からも推測される．

　ゴマペースト（タヒーナ）は高タンパク質，高脂質，高ミネラルの栄養源であり，コクのあるおいしい食材としても広まったのであろう．多くの人がゴマを利用するなかで，病気からの回復が早く，身が軽くなるなどの体験が蓄積されて，効果が伝承されていった．

　ゴマの医療的効用についての古い記録には，エジプトで出土した世界最古の医学文献"Thebes Medical Papyrus（テーベ・メディカル・パピルス）"（紀元前1552年）[7]があり，そこに，ピラミッド建設時の労働者に常用されたというゴマの効用が記されている．また，古代ギリシャ医学の父，ヒポクラテス（紀元前400年頃）も，活力を生み出す優れた食物のゴマを市民に推奨している．

　メソポタミアからインダス文明の地インドへと伝播したゴマ（紀元前2000～3000年頃）は，当地で，早くも薬材として重宝されており，人類最古といわれるアーユルヴェーダ伝統医学治療法では薬草エキスを溶解した薬用ゴマ油（ゴマの油などで薬草を煮て薬草エキスを溶解した）が，健康増進に活用されている．

　中国の伝統医学には，本草学を基にした薬草成分の粉末または煎じ（熱水抽出）たエキスを経口投与する方法がある．これにより，太古の昔より伝えられた百草の薬効を確かめられた"神農"様が本草学の開祖といわれており，その内容を紀元前300年頃陶弘景がまとめて『神農本草経と集注』として著した．この本が漢薬の原点といわれており，ゴマの項には「身体が悪くて虚弱な場合，ゴマは五臓を補い，気力を増進させ，肌肉を成長させ，髄脳（骨髄や脳髄）を充実させる．久しく服用すると，軽身不老となる」と述べられている．この本が出版されたのは，

2000年以上も前で，学問らしきものがなかった時代であるが，このゴマの効用は，今日でも十分通じるものである．ゴマは，痛みをとるなどの急性の病気治療薬材ではなく，治療後の回復を顕著に増進したり，久しく服すると健康が増進され，長寿にもなるというような保健的な効用をもつものとして知られていた．

このように伝統的に効用が知られていたにもかかわらず，ゴマの有効成分についての科学的な研究が始められたのは，1980年代である．並木満夫研究室—名古屋大学農学部研究室—では，体の老化やがん化，さらに，糖尿病，動脈硬化などの生活習慣病の引き金となる活性酸素の害を防ぐ食品の研究（現在では食品機能学）を早くから行っており，そのなかで，ゴマの抗酸化・抗老化の研究も始められた．

ここ30年ほどの間に，ゴマの特徴的有効成分であるセサミノールの発見などのリグナン系抗酸化物質成分が解明された．そして，動物実験としては山下かなへ教授（椙山女学園大学）とともに京都大学で開発された老化促進マウス（SAMという若いうちから動きが鈍く老化が始まる特異的マウス）を用い，その餌に，粉砕したゴマを20%加えて飼育したところ活発に動き回り，老化度評価点である，脱毛，眼周囲炎などの進展が明らかに抑制され肝臓の過酸化脂質もゴマ食で低下することが認められた．

これらの実験が基となり，ゴマリグナンのセサミノールやセサミンを用いた基礎研究（動物実験など）が数多く論文として発表され，肝機能増強，コレステロール抑制，遺伝子発現による脂肪酸代謝制御，ビタミンE増強効果，セサミノールやその配糖体，セサモリンの生体内抗酸化作用，LDLコレステロールの酸化抑制，がん抑制作用，血流改善効果などゴマの老化防止に関する研究が日本の研究者によって精力的に推進されている．

こうした人間にとって願ってもない機能をもつ食品の利用に関する研究や高機能性ゴマの遺伝子解析，国産高リグナン種ゴマの開発，機能性ゴマ品種改良など栽培学から食品機能学の研究が一体となってわが国で発展しつつある．

〔並木満夫〕

文　献

1) 小林貞作・並木満夫編（1989）．ゴマの科学．朝倉書店．

2) Namiki, M. (1995). *Food Rev. Internat.*, **11**(2), 281-329.
3) 並木満夫編（1998）．ゴマ その科学と機能性，丸善プラネット．
4) 並木満夫（2005）．食の科学，**334**, 4-38.
5) Namiki, M. (2007). *Critical Rev. Food Sci. Nutr.*, **47**, 651-673.
6) Namiki, M. (2011). Sesame for functional foods, Functional Foods of the East, pp. 215-262, CRS Press.
7) Weiss, E. A. (1983). Oil Seed Crops, Longmann.

1.3 栽培・生産・加工技術の発展

　FAO の統計によれば[1]，2013 年度の世界のゴマ生産量は 476 万 t であり，過去 50 年間で 2.9 倍に上がった．生産量が 200 万 t を初めて超えたのは 1970 年で，2001 年には 300 万 t を，そして 2010 年にはついに 400 万 t を超えた．

　過去 50 年間のゴマ生産量の推移は，その様相から 1964 年前後から 1973 年前後までの期間（期間 I），1973 年前後から 1998 年前後までの期間（期間 II），1998 年前後から現在までの期間（期間 III）の 3 期間に大別することができる．各期間の生産量を直線回帰し，回帰係数（増産速度）を算出すると，期間 I は 3.68，期間 II は 3.82，期間 III は 15.18 である．生産量の推移の 3 期間に対応する栽培面積の回帰係数（拡大速度）は期間 I が 5.96，期間 II は 2.69，期間 III は 14.90 であり，また単位面積あたりの収量（単収）の回帰係数（増収速度）は期間 I が 3.21，期間 II は 4.68，期間 III は 10.58 である．最近 10 年間におけるゴマ生産量の著しい増加は，栽培面積の拡大とともに単収の増加によるところが大きいと判断される．

　ゴマの生産国は主にアジア，アフリカ，中南米の開発途上国で，特出した生産国はなく，多数の国で栽培されている．ミャンマー，インド，中国，スーダンが 4 大生産国である．開発途上国では工業化に伴う優良農地の減少や，農業インフラの整備に伴いゴマから経済性の高い作物への転作が行われ，今後栽培地の面的拡大への期待は薄い．

　ゴマの生産性は他の油糧作物に比べて著しく劣り，しかも栽培環境条件により大幅に変動しやすい．ゴマの単収は 10 大油糧種子中，常に最下位を低迷している．しかしながら，単収は期間 I の平均値 299 kg/ha から期間 III の平均値 483 kg/ha まで，過去 50 年間に 1.6 倍に上昇しており，単収の向上は着実に進んできて

いる．

　前述したように，ゴマの生産国は開発途上国が中心である．2013年度生産量上位10国の単収は，スーダンの261 kg/haから中国の1,313 kg/haまで及び，変動係数が47％であり，この値は同様に算出したダイズのほぼ2倍にあたり，ダイズに比べ産地格差が著しく大きいことがわかる．

　今後もゴマの増産を継続するには，ゴマリグナンが示す高い健康機能性を広く社会に定着させるとともに，品種改良や栽培技術の改善（肥培管理，病害虫防除，収穫・調整法，灌漑設備など）により単収の向上を図り機械化に対応できるような技術革新を起こし，かつ技術移転を通して産地間格差を是正していくことが課題と思われる．ゴマは手間がかかる割には単収の低い作物であるため収益の低い作物というレッテルを貼られている．しかし，アフリカのタンザニアのように商業的ゴマ生産が進んでいる国の単収が667 kg/haと高いことに注視しておく必要がある．

　ゴマは5000年以上前から栄養価が高く，油分の多い食品として，また，油脂として利用されている．西アジアではタヒーナ（白ゴマペースト）を料理のベースに使い，東アジアでは，種皮の色に関係なく，焙煎した炒りゴマをベースに，すりゴマやペーストゴマ（ねりゴマ）をさまざまな料理や食品に利用している．ゴマリグナンに関する健康機能の研究が進展するに伴い，食品用のゴマやゴマ油の需要も高まっている．

　最近の技術開発では，第一に，おいしいゴマ，すなわち，香りがよくコクがあり，おいしい炒りゴマやすりゴマの製品化に向けて，炒りとすり工程に伝統的技術，たとえば，釜炒り，2度焙煎，遠赤外（炭火）焙煎，搗きゴマなどを導入して，日本古来のゴマ料理の香りや味に近づけた製品の開発が進み，第二に，ゴマの微粉砕化技術の進展により，ペーストゴマの粒度が微細化したため油の分離が減り，製品保存時の他の食材との混合が均一になり，用途が拡大している．特にドレッシング類やたれ類のなかで，ゴマドレッシングやゴマだれの年間売上高はゴマ以外のものに比べて著しく高く，子どもたちの野菜摂取量の増加に寄与している．第三に，超低温（約－150℃，液体窒素利用）粉砕技術を利用した焙煎ゴマの粉砕素材は，香りや細胞組織内に油滴状の油が保持されているため油っぽくなくコクがあり，さらに風味が保持されたこれまでにないよい食材として，多様

な用途が期待されている．第四に，超臨界 CO_2 流体抽出技術による焙煎ゴマからの高品質ゴマ油画分の分別と脱脂粕（セサムフラワー）の分離製造（詳細は 5.3 節参照），第五に，日本伝統の微生物発酵技術を利用したセサムフラワー麹を用いた発酵調味料（味噌，醬油，食酢）の実用化などが注目されている．

今後，これら技術の改良ならびにさらなる新技術の導入によりゴマ，ゴマ油，セサムフラワーの用途は拡大する可能性が高い． 〔**田代　亨・福田靖子**〕

文　献

1) FAOSTAT (2014). FAOSTAT Agriculture, FAO.
2) 福田靖子（2013）. 科学でひらく　ゴマの世界，建帛社．

2 ゴマの栽培および育種

● 2.1 ゴマの遺伝資源と形態学 ●

2.1.1 ゴマの遺伝資源

ゴマ科ゴマ属（*Sesamum* 属）の唯一の栽培種である *S. indicum* L. は，紀元前3000年以前にナイル川流域ですでに栽培され，利用されていた．そして，今日に至るまでの長い伝播の過程で，熱帯地域に適応した熱帯型と温帯地域に適応した温帯型とに分化し，種々選抜され収量性などが改良された土着の在来種・地方種が熱帯地域から温帯地域（中国ウルムチ・吉林（北緯44度））まで広く栽培されて，各地域の独自のゴマ食文化に貢献してきた．しかしながら，インドでゴマ遺伝資源の探索・収集をした河瀬[1]によれば，ゴマ在来種・地方種の栽培は急減していると報告しており，この現状がこのまま推移すれば世界的な規模でゴマ遺伝資源が枯渇することが予測され，早急に収集して人為的な管理下に移す必要があると思われる．

上記に述べたような多様なゴマの系統（在来種，地方種）を遺伝資源として次世代の品種改良や植物学の研究に効率よく利用するためには，多くの系統を探索・収集・導入・評価・保存・増殖するジーンバンク事業が重要であり，緊急の課題でもある．世界規模では国連食料農業機関（FAO）による国際植物遺伝資源研究（IPGR），日本では農業生物資源ジーンバンクと富山大学において，それぞれで行っている．2013年現在，農業生物資源ジーンバンクでは，1,769点（含富山大学系統）が保存・管理されている．富山大学では，国内外在来種系統およびその派生系統約400点，富山大学改良系統約600点，計1,000点が保存・管理され（文科省から系統保存費を受けて系統保存の維持管理），これら系統には整理番号

2.1 ゴマの遺伝資源と形態学

表 2.1 富山大学ゴマ系統保存簿抜粋

系統番号	分類型	熟成	草丈(cm)	節間長(mm)	さく果長(mm)	分枝	軟毛	葉形	花	種子	種子重(g)	収量(1株·g)	初着果位置(cm)	産地
001	BAN	早生	150	25, 10	31	上部分枝	無毛	鋸歯葉	ピンク, 整形, 紫斑多	黒, 粒大, 粗面	2.9	15	65	富山大学育成
002	BAN	中生	150	30, 10	37	上部分枝	少毛	裂葉	淡ピンク, 整形, 紫斑多	黒, 粒中, 滑面	2.9	17	75	富山大学育成
069	BON	中生	140	40	38	非中分枝	中毛	裂葉	ピンク, 整形, 紫斑多	白, 粒中, 滑面	3.2	13	40	富山大学育成
103	3BA	早生	110	35, 10	29	上部分枝	少毛	深裂葉	濃ピンク, 整形, 紫斑多	黒, 粒大, 粗面	2.8	7	40	富山大学育成
2281	3BO	中生	170	30	31	非分枝	中毛	裂葉	淡ピンク, 整形, 紫斑少	金色, 粒中, 滑面	2.9	17	75	富山大学育成改良
2511	3BA	中生	175	30, 10	37	非分枝	多毛	鋸歯葉	ピンク, 整形, 紫斑多	淡紫, 粒大, 滑面	3.5	16	45	富山大学育成改良
301	QAN	早生	80	20, 5	21	非分枝	無毛	鋸歯葉	ピンク, 整形・縁, 不整形, 紫斑無	黒, 粒大, 滑面	2.5	7	35	富山大学育成
4294	3QA	中生	160	30, 10	28	上部分枝	多毛	鋸歯葉	淡ピンク, 整形, 紫斑多	黒, 粒大, 滑面	2.8	16	55	富山大学育成改良
090	BAN	早生	135	30, 10	29	多分枝	多毛	深裂葉	濃ピンク, 整形, 紫斑無	純白, 粒中, 中間	2.4	12	45	長崎県産
899	BAN	中生	145	30, 10	26	下部分枝	少毛	全縁葉	淡ピンク, 整形, 紫斑多	白, 粒中, 粗面	2.7	17	50	山口県産
914	3BA	中生	170	40, 20	29	下部分枝	無毛	裂葉	濃ピンク, 整形, 紫斑多	白, 粒中, 中間	2.7	10	50	青森県産
925	BAN	中生	165	35, 10	31	下部分枝	無毛	深裂葉	濃ピンク, 整形, 紫斑多	黒, 粒中, 中間	2.4	9	65	秋田県産
957	BAN	早生	160	45, 10	29	上部分枝	中毛	鋸歯葉	ピンク, 整形, 紫斑多	黒, 粒中, 中間	2.5	18	55	埼玉県産
958	3BA	中生	170	25, 5	32	非分枝	多毛	鋸歯葉	淡ピンク, 整形, 紫斑少	金色, 粒中, 中間	2.5	20	55	岩手県産
972	BAN	中生	155	39, 10	30	上部分枝	無毛	鋸歯葉	淡ピンク, 整形, 紫斑多	黒, 粒中, 中間	2.6	13	60	中国産
501	BAN	晩生	200	30, 10	31	上部分枝	中毛	2出複葉	ピンク, 整形, 紫斑多	黒, 粒中, 滑面	3.1	26	85	ミャンマー産改良
5161	BAN	晩生	205	30, 10	30	上部分枝	無毛	深裂葉	淡ピンク, 整形, 紫斑少	黒, 粒中, 滑面	2.9	21	130	モザンビーク産
568	3BO	中生	140	35	29	上部分枝	多毛	鋸歯葉	ピンク, 整形, 紫斑無	白, 粒大, 滑面	3.1	20	75	中国産中芝7号
604	QAN	晩生	130	30, 19	23	非分枝	少毛	3出複葉	淡ピンク, 整形, 紫斑無	白, 粒大, 滑面	2.4	12	45	ラオス産
692	QAN	晩生	220	25, 10	22	上部分枝	無毛	3出複葉	淡ピンク, 整形, 紫斑無	黒, 粒微小, 滑面	1.3	3	160	ミャンマー産
926	BAN	晩生	180	30, 10	36	多分枝	少毛	裂葉	白, 整形, 紫斑ストライプ	黒, 粒中, 滑面	3.1	38	85	ケニア産
968	BAN	晩生	190	30, 10	28	上部分枝	無毛	鋸歯葉	淡ピンク, 整形, 紫斑無	白, 粒大, 滑面	2.3	8	130	中国産像9号改良
9891	3BA	中生	180	40, 10	46	非分枝	多毛	裂葉	淡ピンク, 整形, 紫斑無	白, 粒中, 滑面	3.2	23	45	中国産像9号改良

[野生種]
S. alatum S. angustifolium S. capense S. latifolium S. malayanum S. occidentale S. radiatum S. schinzianum

と特性表がつけられている．

　通常，遺伝資源の評価・保存は，作物としての形態的特徴や生理生態的な特性，さらには収量や熟期または各種の病虫害・障害抵抗性などの農業的に重要な形質の調査までもが不可欠である．ゴマの場合，形態的な特性は，熱帯型と温帯型とで大きく相違する形質（分枝型，軟毛の有無など）があり，また熱帯型では発育段階により相違する形質（葉形）も認められ，さらに温帯型では気象条件や土壌条件により相違する形質（さく果性など）などもあり，多様に変異する．したがって，ゴマ遺伝資源の評価・保存には植物形態学の専門的な知識に基づいた体系的な解析が求められる．

　富山大学では，毎年適宜ゴマ遺伝資源を導入し，その遺伝資源の特性を調査してデータベース化し，情報の蓄積を計っている．調査項目は大きく分けて，葉形，花色，種子外観，草丈，さく果性，節間長などの形態的特性を主としているが，早晩性などの生理生態的特性や収量性などの特性も併せて調査している．最近では，化学成分などの特性も一部遺伝資源で行っている．また，種子発芽率の低下あるいは保存種子量の減少に対処するため，種苗管理圃場では再増殖を行い，年間200系統程度を実施している．各再増殖系統は特性を再調査し，遺伝資源の遺伝的保証の管理・維持に努めている．表2.1には，富山大学保存系統のうち代表的なものを示した．

　ゴマは古来より経験上"健康によい"ものとして，食品をはじめとしていろいろな分野に利用されてきた．最近のゴマの機能性の研究から"健康によい"根拠が科学的に明らかにされ，また植物学上でも新事実が明らかになってきた．また，近年のバイオテクノロジー技術の著しい進展により野生種や近縁種を含めてゴマ遺伝資源の利用範囲は広がっており，その収集・導入・評価・保存は今後ますます重要となってきている．さらなるゴマの利用・研究発展のためにジーンバンクを充実させなければならない．

〔増田恭次郎〕

文　献

1) 河瀬眞琴 (1994). *Sesame Newsletter*, **5**, 4-6.

2.1.2 ゴマの形態学

a. 成長型

野生ゴマは，環境条件と栄養条件が満たされるかぎり成長を続ける無限成長をする．ただし，原産地は熱帯サバンナ気候で雨期と乾期とがあり，乾期には枯れ上がる．一方，栽培ゴマは無限成長する系統（無限成長型）と止め花（止めさく果）が形成されて成長が止まる系統（有限成長型）がある[3]．前者は通常，気温が下がれば成長が止まり，枯れ上がる．

茎は一般にまっすぐに直立して成長するが，ジグザクに曲がる曲茎がある．この形質は互生葉序で3さく果性の系統に発現しやすく，さく果の反対側に曲がる．また，茎頂（成長点）が分裂融合して直線状になり成長すると茎は扁平に育つ．これを帯化という．この形質は発芽してすぐには発現せず，成長の途中から発現し，4心皮系統に生じる傾向がある．この場合でも花とさく果は正常である．

b. 分　枝[3]

一般に野生種には多分枝型が多い（富山大学保存野生種7種類は分枝型）．分枝は，最初のさく果着生位置までの葉腋から発生するが，さく果（主芽由来）の外側に生じた副芽が枝に分化する場合もある（図2.1）．栽培種での分枝型には，主軸全体に枝を出す多分枝型，主軸の上部で分枝する上部分枝型，主軸下部から

図2.1　副芽由来の枝

図2.2　花と花外蜜腺の比較
a：葯，c：心皮原基，n：蜜腺，o：胚珠，ov：子房，p：花弁原基，s：がく片原基，st：雄ずい原基，po：花粉．

1～2本分枝する下部分枝型があり，2次分枝する系統もある．また，分枝のない非分枝型がある．分枝の少ない系統や非分枝の系統は，育種・選抜によって作られたと考えられる．

c. 花と花外蜜腺

蜜腺は雌ずいの基部に，リング状に発達して盛んに蜜を分泌する．その蜜を求めてミツバチやチョウなどが訪花する．ゴマは自家受粉の植物であるが，時にこれらの訪花昆虫によって他系統の花粉が運ばれて受粉し，雑種のできる原因になる．

蜜を分泌する組織または構造物が花の外（花以外）の場所に生じた場合，これを花外蜜腺という．ゴマの花外蜜腺は花軸の基部に生じ，大小いろいろなものがある[3]．いずれもよく蜜を分泌し，アリが集まる．

小林[1]は，放射性同位元素やX線を用いて誘発した突然変異体（1さく果性ゴマから3さく果性ゴマを作出）で，花外蜜腺が花に変化しうるものであることを示した．その後，Masudaら[2]は組織学的観察により，花外蜜腺は花と相同器官であり，花の発生が途中で止まった後に雄ずいや雌ずいの原基表皮細胞が分泌細胞に変化したものであることを明らかにした（図2.2）．

d. 花（さく果）のつき方[3]

花のつき方を花序という．一見して，ゴマは葉の基部の腋芽が花になる総状花序のようにみえる．花（第一花）にはその両側に花外蜜腺がつき，またはその両側に花外蜜腺に由来する花（第二花）がつき，その第二花にも花外蜜腺がついた

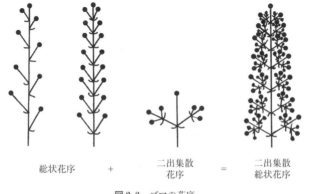

図2.3 ゴマの花序

りする．このように，花の下の2つの腋芽が花または花外蜜腺になる二出集散花序の形をとる．このためゴマはこれら2種類の花序が複合した，二出集散総状花序を示す（図2.3）．

ゴマの花は葉腋に発生した腋芽から生じるが，腋芽は枝にも分化する．花と枝は相同器官である．花（第一花，第一さく果）には，いろいろな長さの花軸（果軸）があり，葉または葉が変形した葉状突起がつく．葉腋からそこまでが枝の茎で，その上の部分が真の花軸（果軸）となる．第二花（さく果），第三花（さく果）になると枝の茎は短くなる．

ゴマの葉腋に生じる二出集散花序には，第三花（さく果）までの合計7花（さく果＝1＋2＋2×2）までの系統しかない．ところが，腋芽が2つ生じて第一花（さく果）（主芽）の外側に副芽由来の花外蜜腺や花や枝が生じることがある．これがさく果になると，さく果数は合計8個となる．

e. 花

花は，5枚の小さな融合がく片からなるがくと，5枚の花弁が融合し筒状になり下唇の大きな唇形の合弁花である．花は大きく開く通常の整状花と開きの悪い不整状花があり，やや下垂して咲き，なかには横向きに咲く系統もある．不整状花（図2.4）は，4心皮系統に出やすい．雄ずいは長短2本ずつの4本である．一般に雌ずいの心皮数は安定した基本的な形質で，分類学では重要な形質である．野生種はすべて2心皮4室の子房からなり，雌ずいの柱頭は2裂する．栽培種には2心皮を基本に4心皮の系統があり，柱頭は4裂し，雄ずいは8本になっている．さらに心皮数の多い花（さく果）（図2.4）を生じることもある．

紫斑のない花　　紫斑のある花　　紫斑の特に強い花　　不整状花　　癒着花

図2.4　ゴマの花

花色は，白，桃色，濃い桃色，赤紫など濃淡が多彩である．また，花の縁の部分が緑色になった花が不整状花に出ることがある．下唇が特に濃赤紫の系統もある．また，下唇の喉の部分には通常は紫斑があるが，完全にない系統から喉から下唇にかけて全面に紫斑を生じる系統までさまざまな変異がある（図2.4）．

f. さく果[3]

さく果は雌ずいの子房から発達することにより，2心皮4室のさく果を基本に4心皮8室の系統がある．さらに多くの心皮からなるさく果が生じることがある．本来2心皮の野生種 S. radiatum で3心皮のものが生じたこともある．

さく果の大きさは，2心皮のさく果で2.0～4.5 cm，4心皮のさく果で2.0～3.5 cm である（図2.5）．

さく果が乾燥すると裂開する．裂開は，癒着した2枚の心皮の中央部が偽隔壁とともに分離する胞背裂開で，分離の程度がさく果をつける茎に対する向軸面と背軸面で異なり，茎とは反対側の背軸面のほうが大きく分離する傾向がある（図2.6）．野生種 S. alatum では，完全に背軸面が分離し，向軸面はほとんど癒着したままである．裂開の程度はいろいろであり，極端に裂開性の低い非裂開性の系統も存在する．4心皮さく果は一般に裂開が小さい．

ゴマの栽培では，裂開が小さく，種子が落ちにくいほうが好ましい．さく果が開いても種子が胎座に接着したままで落ちにくい胎座接着型がある（図2.7）．

g. 葉

葉のつき方を葉序という．ゴマの葉序は，十字対生葉序とその対生がずれた互生葉序，さらに螺旋葉序がある．螺旋葉序は，互生葉序の途中から生じることが

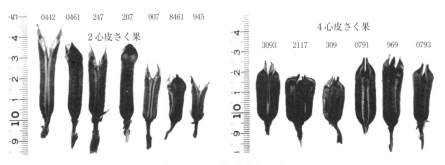

図2.5 さく果の大きさと形

2.1 ゴマの遺伝資源と形態学　　　　　　　　　　　　　15

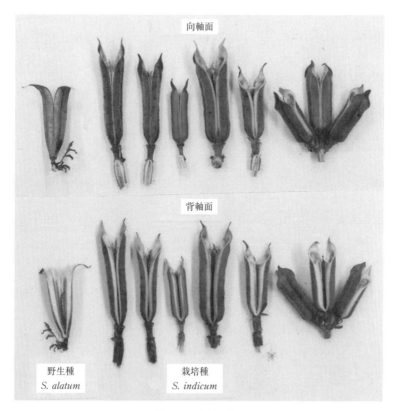

図 2.6　さく果の裂開

多い.

　葉の形には，縁に切れ込みのない全縁葉と切れ込みのある鋸歯葉，切れ込みの深い裂葉があり，また小葉3枚からなる3出複葉と掌状複葉とに分けられる（図2.8）．熱帯地方の系統には3出複葉や掌状複葉が多い．花が咲き出すと葉の形が細長い全縁葉に変わり，上位に向かって順次小さくなる．

　葉の色は，淡緑色，緑色または濃緑色である．葉柄の色は，緑色であるが，赤紫に色づく系統もある．

h. 種　子

　種子の色は，白（純白，少し他色が混じった白），黒（漆黒，黒紫，茶色かかった黒），褐色，茶色，金色，淡紫，緑褐色など濃淡さまざまな色調である．

16   2. ゴマの栽培および育種

図 2.7　胎座接着型系統

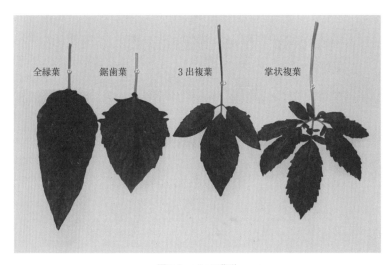

図 2.8　ゴマの葉形

　形状は，2心皮性ゴマでは雨だれ形であり，4心皮性ゴマではそれが細長くなる傾向にある．大きさは，幅が 1〜2 mm で，重さは平均 2.6 g/1,000 粒である．種子には周縁部があり，大きいものからほとんど目立たないものまである．また種子表面には凹凸の模様があって粗面になっているものから凹凸がなくなり滑面

になっているものまである．その他，種子表面に縦線が入るもの，種皮が破れやすいものなどがある．種子表皮にはシュウ酸カルシウムの結晶がたまり，紫外線を当てると青白く光る．

i. 軟 毛

ゴマの植物体の地上部には多細胞からなる軟毛が生えている．軟毛には固い剛毛状のものから綿毛状のものまであり，毛の先端に分泌細胞をもった分泌毛が混じる．綿毛状の軟毛からなる多毛系統では，特にしっとり感が強い．

軟毛は葉，花，さく果に生じる．特に茎では，無毛の茎から多毛の茎まで差異が顕著である．無毛の系統は熱帯地方に多く，多毛の系統は温帯地方に多く存在する．

〔増田恭次郎〕

文　　献

1) Kobayasi, T. (1958). *Jap. J. Genet.*, **33**, 2339-2361.
2) Masuda, K., Todoriki, M. (1993). XVInternat. BOt. Cong. Abst. 359.
3) 並木満夫編 (1998). ゴマ　その科学と機能性, pp. 214-220, 丸善プラネット．

2.1.3　種子の構造

a.　種子の発達

ゴマのさく果はほとんどの品種群では2心皮性の合生心皮雌ずいで中軸胎座をもつ子房から由来する．子房内には通常の隔壁に加え，心皮中央内面から中軸へ伸長した偽隔壁により生じた4室に種子が縦列する[1]．種子は胎座から横方向に発達し，珠孔のある側を下にした倒生胚珠が，整然と並んだまま発達する（図2.9 A, B）．子房は開花後1週間から10日ほどの間に急速に成長して長さや幅および室の広さの成長をほぼ終え，各室の中の胚珠も同様に大きく成長した後に内部の組織が充実していく．有色の種子では3週間後頃に表層で色素形成が始まり色づく．その後，開花から5週間ほどで果実が成熟し，先端部が裂開したさく果となり上部から種子を散布する．

以下の種子の構造についての説明は，黒ゴマ品種（南部黒ゴマ）を標準とし，一部は白ゴマ品種（三重大学改良種）や他の品種についてである．ゴマの種子構造と発達については，Singh[3]による胚発生学や，さく果と種子の発達の研究[2]

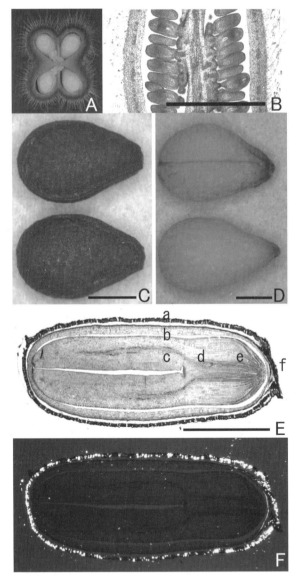

図 2.9　ゴマ種子の形態と構造
Aは若い果実の横断面で，内部は横方向の隔壁と縦方向の偽隔壁により4室となり，各室の中軸胎座に縦に種子が並ぶ．Bは開花日の子房の縦断面．黒ゴマ種子（C）と白ゴマ種子（D）の背面（上）と腹面（下）．黒ゴマ種子の中央縦断樹脂切片（E）とその直交ニコル像（F）a：種皮，b：内乳，c：子葉，d：胚軸，e：幼根，f：へそ．スケールは1 mm．

があるが，成熟種子やその発達過程，および品種間の差異に関する詳細な構造の報告は非常に少ない．

b. 種子の外部形態

種子は扁平な倒卵形で，平らになった洋ナシ形をしている（図 2.9 C, D）．長さは 2～3 mm，厚さは 1～1.5 mm で，品種により大きさに差があり，たとえば白ゴマは黒ゴマよりやや大きい．倒卵形のとがった末端が"へそ"で，胚の幼根はへそ側に，子葉は幅広い側にある．種子の扁平な面のうち，元の胚珠の背面（上）側はほぼ平らで，反対側の珠孔のある腹面側は丸みを帯びることが多く，横断面ではかまぼこ形ないし四角形であり，角になった部分はわずかに突起した稜をもつことがある．また，平らな背面の周辺部にはしわのあることが多い．種子表面には細かな蜂の巣状の模様が見られる．これは種皮表皮細胞が種子成熟に伴って乾燥し，内腔が収縮して細胞の垂直壁で仕切られた細かな凹凸模様を作るためで，特に黒ゴマでは顕著だが，白ゴマの表面は比較的滑らかである．また白ゴマなど色の薄い種子では背面中央を通る維管束の部分の表面が褐色の筋となって先端部まで伸び，またそれからの分枝が表面の模様として見られる．

c. 種子の内部構造

種子は種皮，内乳，胚からなる有胚乳種子で，胚が大部分を占める（図 2.9 E）．これらのなかで種皮が品種によって色と構造に最も大きな変異を示し，内乳と胚には品種間に目立った差異は見られない．

1) 種　皮　種皮は珠心と珠皮から発達し，その最外部の表皮がよく発達して種皮の大部分を占める．ただし，へそには珠柄組織が一部残る．表皮の内側に発達した柔組織は種子成熟の少し前に圧縮されて薄くなるが，その最内部の細胞は薄い 1 層の細胞層として残り，その内乳側表面に薄いクチクラ層を形成して内乳と胚を包む．黒ゴマでは表皮細胞の垂直壁の下半部は開花後 10 日前後に木化した厚い二次壁を形成する．その後，細胞内にシュウ酸カルシウムの結晶を，さらに黒色色素粒を形成する．種子成熟時には表皮細胞は乾燥して圧縮され，この二次壁の隙間に結晶を，そして表面側に黒色色素層をつくる（図 2.9 E, F, 2.10 A, B）．しかし，白ゴマでは二次壁や黒色色素形成がなく，結晶を含む薄い細胞壁の表皮細胞のままである（図 2.10 C）．シュウ酸カルシウムの結晶の分布は黒ゴマと白ゴマで類似し，ほとんどが種皮表皮にある．しかし，品種によっては結晶

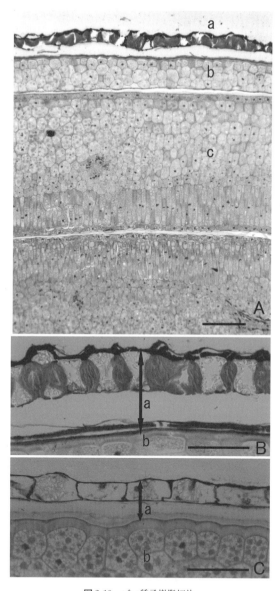

図 2.10 ゴマ種子樹脂切片
黒ゴマ種子の種皮,内乳,子葉(A).黒ゴマ(B)と白ゴマ(C)の種皮の構造を示す.a:種皮,b:内乳,c:子葉.スケールは 100 μm (A), 50 μm (B, C).

をほとんど含まない．内乳と胚はいずれも結晶をほとんど含まない．

2) 内乳 内乳は大きな胚の全体を包み，ほぼ3〜4細胞層の厚みだが，幼根側は1〜2層と薄い．内乳の最外層の細胞の外壁は厚い一次壁をもち，種皮最内部のクチクラ層に接する．内乳組織の最内部には圧縮された細胞の薄い層があり胚に接する．内乳細胞はタンパク質粒と脂肪粒とで占められている．

3) 胚 胚は2枚の子葉，胚軸，幼根からなり，種子の大部分を占める（図2.9 E）．子葉の基部の間には低い茎頂分裂組織がある．子葉内の中央脈と2対の側脈の，それに続く胚軸から根端近くまでの維管束の前形成層が分化している．子葉には前表皮，前柵状組織，前海綿状組織が区別される．茎頂，根端，前形成層以外の細胞はタンパク質粒と脂肪粒とで占められている． 〔西野栄正〕

文　　献

1) Bedigian, D. (2010). Cultivated sesame and wild relatives in the genus *Sesamum* L. Sesame: The Genus Sesamum (Bedigian, D. ed.), pp. 33-77, CRC Press.
2) Day, J. S. (2000). *Field Crops Research*, **67**, 1-9.
3) Singh, S. P. (1960). *Phytomorphology*, **10**, 65-82.

❮ 2.2 ゴマの栽培 ❯

2.2.1 種子の発芽と休眠

作物の種子は適当な温度と降雨があれば数日で発芽するのに対し，野生植物では低温刺激や種皮の劣化など，ある程度の休眠期間を経なければ発芽しない．種子休眠性の喪失は栽培化に伴う最も大きな遺伝的変化の一つであり，重要な農業形質となっている．コムギでは極端な休眠性の喪失に伴い，収穫直前の降雨によって穂に着生したまま発芽してしまう「穂発芽」という現象が大きな問題となっている．サバンナに適応したゴマにおいても栽培環境によっては穂発芽と同様な被害がみられる（図2.11の写真）．

ゴマ属の多様性中心の一つであるインド亜大陸には，栽培種（*Sesamum indicum*）の祖先野生種とされる *S. mulayanum* が自生し，花冠の下唇に明瞭な濃紫色の着色をもつことなどで栽培種と形態的に識別される．本種は深い種子休眠性を示すものの[1]，種皮を傷つけることによって容易に休眠が打破される系統

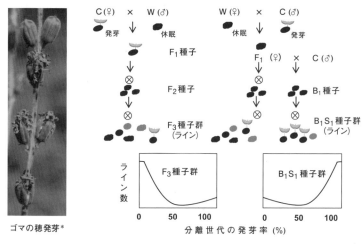

図2.11 ゴマの「穂発芽」,および栽培種(C)と野生種(W)の正逆交雑と戻し交雑
後代における種子休眠性の遺伝(⊗印は自殖)
*さく果のなかに生じた種子が収穫以前に発芽している(撮影,増田恭次郎).

もある.このような種皮の構造に起因する休眠は「硬実休眠」と呼ばれる.硬実休眠を示す $S.\ mulayanum$ の系統と種子休眠性を示さない栽培種との雑種後代における種子休眠性の遺伝様式を図2.11に示す.正逆交雑で得た F_1 種子における休眠性の有無はそれぞれの母親系統が示す休眠性の有無と同じになった.これはゴマの種皮色が母性遺伝するのと同様,硬実休眠の主因となる種皮が母親組織である子房の外珠皮に由来するためである.硬実休眠は優性形質として発現し,F_2 種子は正逆ともに深い休眠性を示した.さらに,F_2 個体のそれぞれを自殖して得た F_3 種子群の各系統の発芽率は互いに異なり,集団全体としては連続的な分布を示すものの,多くの系統は深い休眠性を示した.したがって,種子休眠性には複数の微働遺伝子が関与しているものの,休眠の強弱は野生種に由来する単一の優性主働遺伝子によって大きく左右されると考えられる[2].

上述の F_1 植物の雌ずいに栽培種の花粉を戻し交雑して得た種子(B_1 世代)は F_2 種子と同様に深い休眠性を示した.ここで,硬実休眠にかかわる優性主働遺伝子のみを仮定すれば,B_1 植物個体のそれぞれを自殖して得た B_1S_1 種子群では深い休眠性を示す系統と良好な発芽を示す系統が同じ頻度で出現すると予想される.ところが,B_1S_1 種子群では多くの系統が良好な発芽を示し,F_3 種子群にお

ける発芽率の分布曲線とは左右対称の形を示した．栽培種由来の遺伝子が 3/4 を占める B_1S_1 世代では，野生種本来の休眠性維持の仕組みが解除されてしまっているかのようである．これには，発芽を促進するジベレリン（GA）や休眠を誘導するアブシシン酸（ABA）の生成，またはそれらに対する感受性などに起因する休眠，すなわち「胚休眠」にかかわる遺伝的変異が関係していると考えられる．ゴマの栽培種と野生種を比較すると，GA 添加による発芽促進，ABA 添加による発芽抑制ともに野生種において著しい．この事実は栽培種における GA 生産の制御とともに，ABA 感受性の鈍化を示唆している．種子休眠性の機構を解明し，「穂発芽」が抑制されたゴマ品種を育成することは，わが国におけるゴマ生産を拡大するためにも大きな課題となっている． 〔種坂英次〕

文　献

1) 河瀬眞琴 (2003)．雑穀の自然史　その起源と文化を求めて（山口裕文・河瀬眞琴編著），pp. 176-193．北海道大学出版会．
2) Tanesaka, E. et al. (2012). Weed Biol. Management, 12, 91-97.

2.2.2　栽培環境と作付け体系

a.　栽培環境と栽培技術

　ゴマは高温多照を好む作物で，特に旱魃に強く，俗に「日照りゴマ」といわれるほどである．一般に栽培期間は盛夏を中心に 100 日内外と比較的短期な作物であり，熱帯地域では二期作が可能である．栽培期間における平均気温は 20℃ 以上が望ましく，積算温度は約 2,500℃ 必要とされる[3]．登熟期の気温は収量と密接に関係し，15～28℃ の温度域で 15℃ 付近が下限であり，温度の上昇とともに増収するが 26℃ 以上でいっそう増大する[7]．播種期にはある程度の土中水分が必要であり，収穫期には品質に悪影響を与えるため降雨を避けなければならない．土壌は壌土または植壌土が最も適するが[6]，多湿地や極端な酸性土壌を除けば，広く土壌に適応する．

　根は 1 本の主根とそれより分枝した多くの側根からなる主根型根系をなす．主根は開花盛期まで伸長し続ける[8]．側根は地表面から浅く横臥するように密に分布する．晩生型は早生型に比較して根系の分布が広く，また耐乾性の強いものは

弱いものに比較して根系の発達が旺盛である[4].

1) 耕起・施肥 排水が良好な圃場を選び，播種1か月前に堆厩肥を10aあたり1～2t程度散布し，鋤き込む．播種7～10日前に施肥して耕起する．整地を丁寧に行う．施肥基準は10aあたり窒素5kg，リン酸10kg，カリ8kgが適当であるが，低投入にてもいくばくかの収量を得ることができる．窒素の過多は病害を多発するので注意を要する．堆厩肥の施用は地力維持のため，他の畑作物同様に望ましい．

2) 播種 播種後の天候は発芽に影響し，出芽を大きく左右する．地温が20℃以上に上昇したこと[5]，また3日以内に豪雨がないことを確認してから播種することが望ましい．播種は小粒種子なので4mm内外に覆土し，軽く鎮圧する．高畝（畦幅45～60cm）に一条に播種する．適期の播種では2～3日で発芽する．分枝型は単一茎型に比べ疎植にし，遅播きになる場合には作物体が小さくなるため密植にする．マルチ栽培は地温上昇による播種期を早めることができ，出芽・苗立ちの安定に効果的である[2]．また，土壌水分や肥料の保持などによって生育が維持され，除草の手間が省けるなど利点が多い．マルチフィルムは幅95cmで，植穴2列（株間24cm・条間45cm・千鳥）を用い，畦幅を110cmとし，播種の1週間前に張る．植穴には2～3粒を播き，軽く覆土する．

3) 管理 ゴマは初期生育が緩やかであり，この時期の管理は特に注意しなければならない．間引きは幼苗期に2回ほど行い，草丈20cmまでに終了する．一般に株間15～20cmの1本仕立てに間引く．追肥を行う場合は，2回目の間引き時に窒素肥料を施用する．

4) 病害虫防除 病害としては立枯病の被害が最も大きく，幼苗期に発生しやすい．低温寡照の天候が続くと発生が助長される．地際に近い茎に褐色の病斑を生じ，次第に上下に拡大し，病斑上部が萎ちょう枯死する．斑点病は主に葉に発生するが，茎やさく果にも被害を及ぼし，暗褐色の病斑を生じる．高温多湿の天候が続き，気温が急に低下した場合に発病が助長される．

虫害はシモフリスズメの幼虫（俗にゴマムシ）による葉の食害が主である．幼虫は緑色，灰緑色で，体長12cm内外に及ぶ．オオタバコガの幼虫はさく果を食害し，時には茎を食害し，被害を与える．ヨトウガの幼虫は生育初期の茎を食害する．また，アブラムシによる新芽の吸汁やカメムシ類によるさく果の吸汁に

も留意する．

5) 収　穫　さく果の成熟は，開花の順序に対応して茎の下部から上部へと順次進み，1株内でそろわない．収穫は下部のさく果2〜3個が裂開し始めた頃に行う．収穫・乾燥中に雨に当たると品質（色，艶，香り）が悪くなるので，十分注意する必要がある．栽培種は，成熟期に入ると適当な水分と温度があれば容易に発芽する．4心皮性さく果は裂開が小さく，収穫前の降雨によりさく果内で種子が発芽しやすい．なお，完熟期に大型収穫機による機械収穫では，刈り取りの時刻，高さ，速度などにもよるが，脱粒割合は20〜40％に及ぶという[1]．

b. 作付け体系

ゴマは比較的連作に耐える作物であるが，2〜3年連作すると土壌感染性の立枯病や青枯病などの病害が発生しやすいので他作物との輪作が望ましい．輪作物としては，エンドウ，ソラマメ，コムギ，オオムギ，ソバ，ジャガイモ，ナタネなどとともにダイコン，ハクサイなどの秋野菜やホウレンソウ，コマツナなどの秋冬野菜がある[5]．　　　　　　　　　　　　　　　　　　　　　　〔田代　亨〕

文　献

1) Boyle, G. J., Oemcke, D. J. (1995). *Darwin-Katherine*, **21-23**, March, 173-178.
2) Kim, W. H., Hong, B. H. (1986). *Korean J. Crop Sci.*, **31**, 260-269.
3) 小林貞作 (1989). ゴマの科学（並木満夫・小林貞作編），pp.1-41, 朝倉書店．
4) 松岡匡一他 (1956). 四国農試報, **5**, 65-78.
5) 及川一也 (2004). 新特産シリーズ雑穀，pp.211-225, 農山漁村文化協会．
6) 大土　晧 (1975). 総合野菜・畑作物技術事典1（農林省農林水産技術会議事務局編），pp.140-142, 農業技術協会．
7) 田代　亨他 (2011). 日作紀, **80**（別号1），250-251.
8) Weiss, E. A. (1971). Castor, Sesame and Safflower, Sesame, pp. 311-525, Leonard Hill.

❖ 2.3　ゴマの細胞分子遺伝学 ❖

2.3.1　染色体と分類体系

ゴマ属（*Sesamum*）の分類は不明確な点が多く，その種数にも諸説ある．たとえば，小林ら[5]は，形態，分布および染色体観察のデータに基づき45種をあげている．しかし，最近Bedigian[3]は，過去の記載の再確認を行い，近年の分

子系統学的解析データも適用したところ，同一の種に対して複数の異なる種名が与えられている可能性が高いことを見出した．表2.2は，Bedigian[3]の提唱したゴマ属の新たな分類体系について，染色体基本数および倍数性に関する従来の情報[5]やわれわれが得ている最新の知見を加えて検討したものである．

富山大学では，7種12系統の野生ゴマと栽培種（*S. indicum*）の約1,000系統を保存している．われわれはこれらを材料として*SeCLV1*遺伝子のDNA配列を用いた分子系統学的解析を行った．ゴマ属の染色体基本数（X）は，栽培種に代表される X=13 か，または X=8 かのいずれかであるとされるが，図2.12に示された分子系統樹は，X=13のグループが，栽培種+*S. orientale* var. marabaricum と *S. alatum*+*S. capense* との2つのサブグループからなること，そして両グループが互いに近縁な類縁関係にはないことを示している．この結果は，Bedigian[2]が指摘したとおり，*S. orientale* var. marabaricum こそ栽培ゴマの祖先野生種（栽培種が成立する過程でそのもととなった野生種のこと，両者は生物学的には同種）であることを強く示唆している．また，染色体数の進化の観

表2.2　ゴマ属植物の分類と染色体数

節名[*1]	種　名	染色体数 (2n)	染色体基本数 (X)[*2]	倍数性レベル[*2]
Sesamum	*Sesamum indicum*	26	13	2
	S. orientale var. marabaricum (=*S. mulayanum*[*3])			
Chamaesesamum	*S. laciniatum*	32	8	4 (2?)
	S. prostratum			
Sesamopteris	*S. alatum*[*4]	26	13	2
	S. capense[*4]			
Aptera	*S. angolense*	32	8	4 (2?)
	S. angustifolium			
未分類	*S. radiatum* (=*S. shinzianum*)	64	8	8 (4?)
	S. latifolium	32	8	4 (2?)

[*1] Bedigian[3] の分類体系による．
[*2] 小林[5] の報告による（括弧内は分子系統学的解析から考えられた倍数レベル）．
[*3] Bedigian[2]
[*4] *S. alatum* と *S. capense* については，分子系統学的解析の結果，花や種子の形状の差異，および種子中に含まれるリグナン類の組成の差異（両種ともにセサミンとセサモリンをほとんど含まないが，*S. alatum* は *S. capense* に含まれないリグナン類のセサンゴリンと2-エピセサチンを含む（Bedigian et al.[1]；KamaI-Eldin et al.[4]）からここでは同節の別種とした．

2.3 ゴマの細胞分子遺伝学

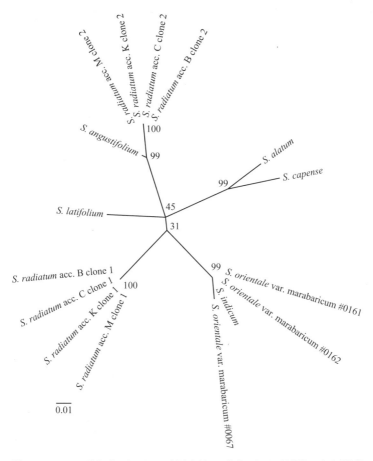

図 2.12 *SeCLV1* 遺伝子のイントロン領域を用いて作成したゴマ属植物の分子系統樹
各植物の *SeCLV1* 遺伝子のイントロン配列を決定し，最尤法により分子系統樹を作成した．分岐点の数字はブートストラップ値（%）を示す．

点からみると，栽培種 + *S. orientale* var. marabaricum のグループと *S. alatum* + *S. capense* のグループとは，互いに異なる過程を経て現在の染色体数となったこと，すなわちゴマ属の進化の過程では X = 13 と X = 8 のグループはただ 1 回の分岐により成立したわけではないということも示唆している．

さらに興味深いことに，ほとんどの種・系統からは，1 種類の *SeCLV1* 配列しか得られなかったが，*S. radiatum* の各系統だけ 2 種類の配列が得られた．

*SeCLV1*遺伝子は核ゲノムに存在する単一コピーの遺伝子（つまり2倍体の純系個体には1種類しか存在しない遺伝子）である．従来は，X＝13のグループではすべてが2n＝26の2倍体であるのに対して，X＝8のグループでは2n＝32の4倍体と2n＝64の8倍体とが混在するとされてきた．したがって，図2.12の結果は，X＝8のグループ内では2n＝32あるいは64という染色体数が，それぞれ従来考えられていたように4あるいは8倍体ではなく，2あるいは4倍体である可能性を示している．したがって，今後は減数分裂期の染色体挙動や核型の再調査を行うことでX＝8のグループの倍数性を検討し直す必要があろう．

　ゴマ属の分類体系には，いまだに未解明の部分が多い．表2.2に記載されていない種については，それぞれどの節に属するのか，また，いずれかと同一の種かどうかなど，さらに検討を進めるべきである．今後，複数の遺伝子領域を用いた解析を行うことによって，ゴマ属に属する種間の類縁関係やゴマ属の染色体数におけるユニークな進化が解明できるものと期待している．

〔山本将之〕

文　　献

1) Bedigian, D. *et al.* (1985). *Biochem. System. Ecology*, **13**, 133-139.
2) Bedigian, D. (2003). *Gen. Res. Crop Evolution*, **50**, 779-787.
3) Bedigian, D. (2010). Cultivated Sesame and Wild Relatives in the Genus *Sesamum* L. Sesame：The Genus Sesamum (Bedigian, D. ed.), pp. 33-77, CRC Press.
4) Kamal-Eldin, A. *et al.* (1994). *J. Amer. Oil Chem.*, **54**, 7641.
5) 小林貞作他 (1998). ゴマ その科学と機能性（並木満夫編），pp. 193-199, 丸善プラネット.

2.3.2　遺伝解析

　作物の育種は主に交雑によって行われる．すなわち，対象とする形質の評価が優れた個体に別の有用形質をもつ個体を交雑することによって，その後代から優良な形質を合わせもつ個体を選抜して新品種の作出を目指す．育種を効率的に進めるには，対象形質の遺伝様式を明らかとし，その形質を制御する遺伝子（または，当該遺伝子に近傍のDNA配列）を同定することが肝心となる．ゴマでは，しかし，栽培上重要な特性や有用な成分に関する分子遺伝学的な知見は，穀類などの主要な作物と比較して非常に乏しい．われわれは現在，収量や栽培特性にか

かわる形質（心皮数やさく果数，分枝型（2.1.2 項参照），開花期，種子重量など）および種子の形態・成分にかかわる形質（種皮色や油脂含量，リグナン含量など）について，それぞれを制御する遺伝子の同定を目指して解析を進めている．ここでは，種子重量の解析例を中心に詳しく述べる．

ゴマの種子重量は系統・品種間で著しく異なるため，種子重量を制御する遺伝子が同定できれば，高収量のゴマ品種の育成が容易になるものと考えられる．種子重量に有意な差を示す 2 系統を交配して，種子重量がどのように遺伝するか調査した．中粒の種子をもつ富山大学保存系統 #4294 と小粒品種の ITCFA2002 を交配し，得られる雑種 F_1 および F_2 の種子重量（100 粒重）を測定した．両親系統の #4294 および ITCFA2002 では，それぞれ 260.7 ± 1.0 mg（#4294）および 151.6 ± 0.9 mg（ITCFA2002）であり，F_1 雑種（#4294 × ITCFA2002）では 228.6 ± 2.3 mg であった（いずれの値も 3 個体での平均）．次に F_2 雑種の 99 個体で種子重量を測定したところ，平均値は 205.7 ± 35.8 mg となり，各個体の種子重量は，複数の不連続なグループに分かれることなく連続的な分布を示した（図 2.13）．これらの結果は，ゴマの種子重量が典型的な量的形質であり，複数の量的遺伝子座によって制御されていることを示唆している．

他のすべての対象形質についても同様の解析を行った．その結果，脂肪酸含量とリグナン含量の 2 つの形質は，ともに種子重量の場合と同様に量的形質の遺伝様式を示すのに対し，それらを除くすべての形質の制御には，種子重量の場合と

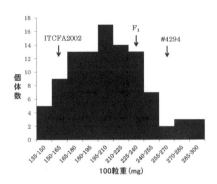

図 2.13 ITCFA2002 と #4294 の交雑に由来する F_2 集団（99 個体）の種子重量の分布
図中の矢印は親系統および F_1 個体の重量を示す．

異なり，それぞれ1つか比較的少数の遺伝子がかかわっていることが明らかとなった．

ゴマの有用形質を制御する遺伝子の同定には，当該形質に関して他の植物種ですでに得られている知見を適用することができる．しかし，新規な遺伝子の場合には，かなり煩雑な分子遺伝学的手法によって同定しなければならない．まず，多数のDNAマーカーを利用して高精度の連鎖地図を作成し，次に，連鎖地図上で当該形質を制御する遺伝子の位置を決定し，さらに，その領域の塩基配列を解読することが必要となる．ゴマでは，ゲノム情報の解析が遅れており，塩基配列解析用のDNAライブラリーも整備されていない．その上，栽培ゴマの染色体数（n=13）に適合した連鎖地図の報告もいまだにないばかりか，DNAマーカーの数が圧倒的に不足している．われわれは現在，ゴマの分子遺伝学的解析を展開するために，実験ツールとしてのマーカーやライブラリーの整備を急いでいるところである．最近，中国のグループから，ゴマゲノムの全塩基配列の解読が終了したとの報告がなされた[1]．この塩基配列データを用いれば，ゴマの分子遺伝学的解析は飛躍的に進むと期待される．

今後は，ゴマの分子遺伝学的解析を通じて，収量や栽培特性，種子成分にかかわる遺伝子を特定していきたい．これらの遺伝子の特定に成功すれば，高収量で栽培も容易なゴマ品種あるいは付加価値を高めたゴマ品種の創出に大きく寄与できるものと考えている．

〔山本将之〕

文　　　献

1) Wang, L. *et al.* (2014). *Genome Biology*, **15**, R39.

2.3.3　ゴマ種子タンパク質

ゴマ種子重量の約20%を占めるゴマ種子タンパク質はその存在状態において，大きく3つに分けられる．①貯蔵タンパク質として細胞小器官のプロテインボディに含まれる11Sグロブリン，7Sグロブリン，2Sアルブミンと②ゴマ油脂貯蔵の細胞小器官であるオイルボディ構成タンパク質のオレオシン，カレオシン，ステロレオシンや細胞膜，小胞体などの細胞小器官の構成タンパク質と③解糖系酵素などの細胞質基質にある可溶性タンパク質からなる．ゴマ種子タンパク質中，

11S グロブリン,2S アルブミン,オレオシン,カレオシンで約 80% を占める.近年,これらゴマ種子主要タンパク質のゴマアレルゲンとしての問題がとりあげられている[7].特に乳幼児がゴマアレルギーを発症した際には,時には重篤な状態に陥ることもあるので,こうしたことに対する対応も今後必要になると考えられる.ここでは,貯蔵タンパク質としての 11S グロブリン,2S アルブミンの性状についてふれ,細胞小器官のオイルボディと小胞体のプロテオーム解析の結果について述べる.

a. 貯蔵タンパク質 11S グロブリンと 2S アルブミンの性状

11S グロブリンについては旧版の『ゴマの科学』に詳しく述べられているので[2],重複する部分は割愛する.11S グロブリンは塩溶液に可溶であり,2S アルブミンは水溶液に可溶である.ともに,グルタミン酸含有量は高く,メチオニン,システインの含硫アミノ酸含有割合は,2S アルブミンの方が 11S グロブリンより高い.いずれにしても,ゴマタンパク質として含硫アミノ酸割合の高さは 2S アルブミンと 11S グロブリンに起因する.この含硫アミノ酸割合の高さはゴマタンパク質の特徴であり,リジン含有量の高いダイズタンパク質との食べ合わせは動物性タンパク質に匹敵する.2S アルブミンと 11S グロブリンは S-S 結合により,サブユニット構造を形成しているので,還元剤存在下で各サブユニットに分離する.これら貯蔵タンパク質の機能について,よくわかっていないところがあったが,最近 2S アルブミンは抗菌活性を示し,抗菌活性に関与する領域として RR/RRRK の塩基性アミノ酸と MEYWPR の疎水性アミノ酸領域が同定された[3].

b. プロテオーム解析によるオイルボディ構成タンパク質

ゴマ油脂生産の視点から油脂貯蔵の細胞小器官であるオイルボディの構成タンパク質をより詳しく調べる必要がある.小胞体で合成されたトリアシルグリセロールは脂質二重層の間隙に蓄積され,その後リン脂質の 1 層から成るオイルボディが形成される.このオイルボディ形成時に同時にオレオシンなどがオイルボディに組み込まれる説[6]とオイルボディが形成された後に,オレオシンなどが組み込まれる説[4]があり,問題は未解決のまま残されている.また,オイルボディ構成タンパク質が小胞体で合成されるのは間違いのないところであるが,シグナル配列のないオレオシンが SRP 依存的に小胞体で合成されるとする結論[1]には

疑問が残る．こうした研究背景の下，ゴマ種子におけるオイルボディと小胞体のプロテオーム解析を実施した．

ゴマ種子を0.6Mスクロース/10mMリン酸バッファー（pH 7.5, PB）中で，4℃，30分間静置後，破砕した．破砕片を除去した試料に等量の0.4Mスクロース/PBを重層し，9,000 g, 20分間，4℃で遠心した．遠心による3回洗浄後の上層をオイルボディ試料として用いた．濃縮後，二次元電気泳動を行い，139個のスポットを得た（図2.14）．それぞれのスポットをトリプシン消化し，Q-Tof PremierでのLC/MS/MS解析により，103個のタンパク質を同定した（表2.3）．これまで，オイルボディ構成タンパク質のオレオシン，カレオシン，ステロレオシンの3種類と比べると，103個のタンパク質は多い．最近，ナタネ，トウモロコシ，クラミドモナスのオイルボディプロテオーム解析の結果が報告され[5]，トウモロコシでは20個以上のタンパク質が，クラミドモナスでは248個のタンパク質が同定された．そのなかには，ゴマで同定されたprotein disulfide isomerase, ATP synthase β subunit, malate dehydrogenase, glycerol-3-phosphate-dehydrogenase などが含まれている．これらの結果はオイルボディ

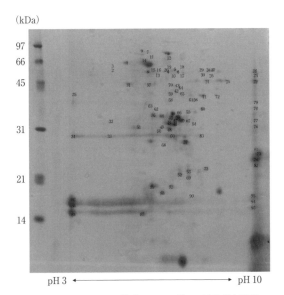

図2.14 オイルボディ構成タンパク質の二次元電気泳動

表 2.3 オイルボディ構成タンパク質のプロテオーム解析

Spot No.	Protein ID	MW (Da)
1	protein disulfide-isomerase 2 precursor [A. thaliana]	56365
2	calreticulin-1 [G. max]	48315
3	nucleosome assembly protein 1 [G. max]	41079
4	enolase [L. esculentum]	47768
5	F1 ATPase, adenosinetriphosphatase [H. annuus]	55456
6	enolase [L. esculentum]	47768
7	PsHSP71.2 [P. sativum]	71521
8	ATP synthase subunit beta, mitochondrial precursor [N. plumbaginifolia]	59933
9	BiP [G. max]	73594
10	putative mitochondrial processing peptidase alpha subunit [A. thaliana]	54217
11	heat shock 70 kDa protein, mitochondrial precursor [P. vulgaris]	72721
12	succinate dehydrogenase 1-1 [A. thaliana]	70240
13	alanine aminotransferase [C. annuum]	53330
14	chaperonin hsp60 [A. thaliana]	61654
15	GDP dissociation inhibitor [N. tabacum]	50127
16	mitochondrial processing peptidase [A. marina]	59373
17	ATP synthase subunit alpha, mitochondrial [O. biennis]	55847
18	ferric leghemoglobin reductase-2 precursor [G. max]	53311
19	ATP synthase alpha chain [V. radiata]	55559
20	F1 ATPase alpha subunit [H. annuus]	55766
21	7S globulin (homologue)	67883
22	7S globulin	67883
23	eukaryotic elongation factor 1A [S. japonica]	49742
24	catalase-4 [G. max]	56737
25	7S globulin (homologue)	67883
26	11S globulin seed storage protein 2 precursor	52083
27	7S globulin	67883
28	7S globulin	67883
29	catalase [P. deltoides]	57194
30	11S globulin seed storage protein 2 precursor	52083
31	heat shock protein hsp70 [A. thaliana]	70915
32	seed maturation protein PM24 [G. max]	26841
33	caleosin	27789
	alpha chain of nascent polypeptide associated complex [N. thamiana]	21911
34	caleosin	27789
35	steroleosin-B	41282
36	glucose and ribitol dehydrogenase homologue 1 [A. thaliana]	31387
37	1 cys peroxiredoxin [X. viscosa]	24482
	cystatin	22338
38	11S globulin precursor isoform 3 (A subunit)	55591
39	11S globulin precursor isoform 4 (A subunit)	52993
40	TAG factor protein [L. angustifolius]	32214
41	11S globulin seed storage protein 2 precursor (A subunit)	52083
42	cytosolic phosphoglycerate kinase [H. annuus]	42334
43	alcohol dehydrogenase 2 [P. sinjiangensis]	22625
44	11S globulin (A subunit)	56781
45	11S globulin seed storage protein 2 precursor (A subunit)	52083
46	11S globulin precursor isoform 3 (A subunit)	55591
47	11S globulin precursor isoform 4 (A subunit)	52993
48	putative uncharacterized protein [A. thaliana]	26701
49	hypothetical protein [A. thaliana]	27748

表2.3（つづき）

Spot No.	Protein ID	MW (Da)
50	putative uncharacterized protein AT4g18920 [*A. thaliana*]	28679
51	seed maturation protein PM24 [*G. max*]	26841
52	11S globulin precursor isoform 4	52993
53	11S globulin precursor isoform 4	52993
54	11S globulin precursor isoform 4 (A subunit)	52993
55	7S globulin	67883
56	glyceraldehyde-3-phosphate dehydrogenase, cytosolic [*N. tabacum*]	35682
57	actin [*S. dulcis*]	27371
58	malate dehydrogenase cytoplasmic [*Z. mays*]	35909
59	cytosolic phosphoglycerate kinase 1 [*O. sativa*]	42279
60	11S globulin seed storage protein 2 precursor (A subunit)	52083
61	putative aldo/keto reductase 2 [*S. miltiorrhiza*]	37855
62	cystein synthase [*N. plumbaginifolia*]	34129
63	steroleosin	39713
64	translational elongation factor EF-TuM [*Z. mays*]	48746
65	10-hydroxygeraniol oxidoreductase [*C. roseus*]	38937
	pyruvate dehydrogenase [*S. lycopersicum*]	43374
66	11S globulin precursor isoform 4 (A subunit) (homologue)	52993
67	11S globulin precursor isoform 4 (A subunit)	52993
68	11S globulin precursor isoform 4	52993
69	11S globulin precursor isoform 4 (A subunit)	52993
70	putative dihydroflavonol reductase [*I. trifida*]	46113
	hypothetical protein [*V. vinifera*]	38168
71	cytoplasmic aldolase [*O. sativa*]	38719
72	cytosolic glyceraldehyde-3-phosphate dehydrogenase GAPC4 [*Z. mays*]	36451
73	ethylene-responsive protein [*A. thaliana*]	21385
74	11S globulin precursor isoform 3 (B subunit)	55591
	11S globulin precursor isoform 4 (B subunit)	52993
75	11S globulin precursor isoform 4 (B subunit)	52993
	11S globulin seed storage protein 2 precursor (B subunit)	52083
76	11S globulin seed storage protein 2 precursor (A subunit)	51798
77	11S globulin precursor isoform 3 (A subunit)	55591
	11S globulin precursor isoform 4 (A subunit)	52993
	11S globulin (A subunit)	56781
78	34 kDa outer mitochondrial membrane protein porin-like [*S. tuberosum*]	29429
79	34 kDa outer mitochondrial membrane protein porin-like [*S. tuberosum*]	29429
80	LeArcA2 protein [*S. lycopersicum*]	36192
81	11S globulin seed storage protein 2 precursor (B subunit)	52083
82	11S globulin (B subunit)	56781
83	hypothetical protein [*V. vinifera*]	27678
84	oleosin [*C. canephora*]	15172
85	oleosin	17419
86	15 kDa oleosin	15184
87	Em protein [*V. radiata*]	10934
88	18.8 kDa class II heat shock protein [*I. nil*]	18772
89	low molecular weight heat-shock protein [*N. tabacum*]	17170
90	11S globulin precursor isoform 3	55591
91	2S seed storage protein 1 precursor (large subunit)	18082
92	pathogen-related protein STH-2 [*S. miltiorrhiza*]	17973
93	oleosin [*C. canephora*]	15172
94	oleosin	17419
95	15 kDa oleosin	15184

の機能として,油脂貯蔵に加え,新たな機能が推察されるし,他の細胞小器官との相互作用もうかがえる.

c. **プロテオーム解析による小胞体構成タンパク質**

ゴマ成熟種子の小胞体試料は以下のように調製した.オイルボディ分画を除去後,下層を110,000 g,4℃で15時間,スクロース密度勾配遠心を行った.小胞体分画の同定は小胞体マーカー酵素のantimycin A-insensitive NADH-cytochrome C reductase活性とCon Aとの反応活性によった.小胞体分画を集め,脱塩,濃縮後,試料とした.二次元電気泳動にかけ,LC/MS/MS解析により,68個のスポットを同定した.その結果,60S ribosomal protein, 40S ribosomal protein, elongation factor1-α, EBP1, calreticulin, protein disulfide isomerase, sucrose binding protein, 11S globulin, 2S albuminなどが検出されたが,オレオシンなどのオイルボディ構成タンパク質は検出されなかった.しかし本来ならば,小胞体分画にオレオシンなどのオイルボディ構成タンパク質は検出されるはずである.現在,二次元電気泳動にかける試料量の増加,開花後3週目の未成熟種子からの試料調製などを検討している. 〔吉田元信〕

文　献

1) Beaudoin, F. et al. (2000). Plant J., **23**, 159-170.
2) 長谷川喜代三 (1989). ゴマの科学 (並木満夫・小林貞作編), pp. 131-142, 朝倉書店.
3) Maria-Neto, S. et al. (2011). Protein J., **30**, 340-350.
4) Murphy, D. J. et al. (1989). Biochem. J., **258**, 285-293.
5) Tnani, H. et al. (2011). Plant Physiol., **163**, 510-513.
6) Tzen, J. T. C. et al. (1993). Plant Physiol., **101**, 267-276.
7) Wolff, N. et al. (2003). Food Chem. Toxicol., **41**, 1165-1174.

2.3.4 ゴマにおける遺伝子操作の現状と展望

a. **遺伝子組換えゴマの作出**

栽培ゴマで遺伝子組換え体を作出する試みは,つい最近まで成功しなかった.最初の成功例は2010年のことで,翌年2例目が続いた[1,5].植物において遺伝子組換えを実現するには,遺伝子導入と個体再生がともに効率化される必要がある.ゴマの場合でみると,遺伝子組換えに頻用される土壌細菌アグロバクテリウム (*Agrobacterium tumefaciens*) による感染は,すでに20年以上も前に確かめ

られており，細胞への外来遺伝子の導入は比較的たやすい．一方で，ゴマ細胞からの効率的な分化・再生が非常に困難であることは，古くからよく知られる事実であった[4]．この難関が長らく突破できなかったのである．

注目すべきは，どちらの成功例においてもごく標準的な方法を用いて1〜1.7%程度の実用的な遺伝子組換え効率を達成したことである．ともに，吸水後のゴマ種子から子葉を切り出し外植片とし，アグロバクテリウムを感染させた後，植物体を分化再生させている．ここで重要なのは，分化再生効率を上げるため培地にSH化合物（システインとDTT）もしくは硝酸銀を添加した点である．ただし，これらの添加物質の効能についても既知であり，決して新しい発見ではない．われわれは早速，富山大学で保存する栽培ゴマ系統で再現できるかどうか確かめてみた．ところが，これまでのところ種々の温帯型・熱帯型の系統で試してみても，まったく遺伝子組換え個体は得られていない．おそらく Al-Shafeay 自身も指摘するように，使用したゴマの系統（すなわち遺伝子型）こそが肝心のポイントなのであろう[1]．確かに，われわれもすでに，野生ゴマの S. schinzianum でなら遺伝子組換え体が作出できることを経験している．

栽培ゴマにおける遺伝子組換えの成功は，まだ2例にすぎない[2]が，間違いなくゴマの遺伝子操作にブレークスルーをもたらすことになろう．遅かれ早かれ，種々の栽培ゴマにおいてそれぞれ再生条件の最適化がすすみ，多くの遺伝子組換え系統が得られるに違いない．外来遺伝子の導入による遺伝子組換えは，改良ゴマ品種の創出という応用面ばかりでなく，ゴマにおける発生・分化，成長・分裂，代謝などの基礎的理解という面でも，不可欠の研究手法となっている．

b. ゴマにおける遺伝子操作の展望

植物育種は，ここ数年の間にまったく新しい局面を迎えた．高等植物における遺伝子操作技術が目覚ましく発展したからである．たとえば，低分子RNAによる遺伝子発現抑制や人工ヌクレアーゼによる遺伝子破壊があげられる．これらの新技法は，シロイヌナズナやイネといったモデル植物以外の広範な植物種にも汎用性がある点で画期的である．さらに，従来の形質転換システムに加え，ウイルスベクターを用いた新たな遺伝子発現抑制システムも確立された．いまや，どんな作物においても遺伝子の操作が射程内に入ったといえる状況にある．最新の遺伝子操作技術の核心は，ゲノム上の有用遺伝子をピンポイントで効率よく破壊し

たり改変したりできる点にある．また，外来遺伝子の発現を単一世代だけに限定したり，後代世代において外来遺伝子を除去したりすることも可能である．こうした最新手法にもとづく植物育種[3]では，遺伝子組換えの痕跡が残らないので，遺伝子組換え体でも自然突然変異体と区別することが非常に困難であるという特徴がある．

一方，ゲノム解読技術もこの間，劇的な進歩を遂げた．新型シーケンサーの相次ぐ開発によって，著しい高速化・低コスト化が実現され，従来ではありえない少人数での全ゲノム解読が可能になった．研究者人口が多くないマイナーな作物であっても，全ゲノムの情報を解析することが決して夢ではなくなったのである．もちろん品種の改良にゲノムの解読は必ずしも必要ではないものの，ゲノムの情報があれば，改良の速度は飛躍的に加速される．近年，イネをはじめトウモロコシ・ダイズ・トマトなど主要作物において，ゲノムの構造が明らかにされ，農業上・産業上の有用遺伝子の同定とその機能解析が進んだ．結果として，主要作物では，育種の標的がDNA塩基レベルで突き止められつつあり，これまでになく精密で効果的なピンポイント育種が始まっている．

ゴマの魅力は，健康機能性の高い種子成分にこそある．すなわち，良質な油脂であり，ゴマリグナンなど抗酸化物質や他の生理活性物質である．有用種子成分の質的・量的改善は，したがって，従来からゴマ育種の重要な目標となってきた．効率的なゴマ育種をめざし，ゲノム構造を明らかにしたうえで正確で精密な遺伝子改変を行う——こうしたアプローチは，従来はあまりにも費用効率が悪かったため，本気で受け止められることがなかった．それが，現在では手を伸ばせば届く範囲の中に入った．ごく近い将来に遺伝子操作によるゴマ新品種の登場を迎えることになるのは，ほぼ確実である．

最後に，ゴマの有用成分を入手するための別のアプローチについてふれておく．有用成分に関するこれまでの研究では，セサミンなどゴマリグナン類の生理活性に関する成果が突出している（本書の第3章と第4章に詳しい）．たとえば，ゴマリグナン類を効率よく入手したいのであれば，必ずしも遺伝子組換え植物を作出する必要はないと考えられる．アグロバクテリウム（*Agrobacterium rhizogenes*）の感染による毛状根細胞の培養系が利用できる可能性があるからである．われわれは，すでに15年ほど前にアグロバクテリウムによるゴマの感染

系を確立し，誘導された毛状根細胞の培養について検討した[6]．その結果，単離されたゴマ毛状根細胞は液体培地中でも活発に増殖し継代培養できること，また，その培養液中には種々の2次代謝産物が分泌されることを見いだしている．ゴマの有用成分に関する知見が蓄積してきた現在，それら有用成分を毛状根細胞の培養系によって大量生産できるかどうか，改めて取り組んでみる価値はありそうである．

〔山田恭司〕

文　献

1) Al-Shafeay, A. F. et al. (2011). *GM Crops*, **2**：3, 182-192.
2) 本項目校正中に形質転換ゴマの作出の効率化に関する次の論文が報告された．Chowdhury, S. et al. (2014). *Protoplasma*, **251**, 1175-1190.
3) Lusser, M. et al. (2012). *Nat. Biotechnol.*, **30**(3), 231-239.
4) Suh, M. C. et al. (2011). Sesame：The Genus *Sesamum* (Bedigian, D. ed.), pp. 219-243, CRC Press.
5) Yadav, M. et al. (2010). *Plant Cell Tiss. Organ Cult.*, **103**, 377-386.
6) 山田恭司（1998）．ゴマ　その科学と機能性（並木満夫編），pp. 201-205, 丸善プラネット．

❮ 2.4　ゴマ育種の現状と展望 ❯

　日本国内のゴマ生産には，各地域の篤農家らにより改良・伝承されてきた在来種が用いられてきた．これらの在来種は種皮色，粒大，硬さ，味などがそれぞれ異なり特色ある食文化に貢献してきた．現在でもこれらの種子の多くは富山大学理学部および農業生物資源研究所ジーンバンクにおいて増殖・保存されており，その多様性に驚かされる．

　日本農業は近代化とともに農作物の生産性向上が要求され，油糧作物として重要なゴマについても収量の増加が目標とされた．日本におけるゴマの組織的な品種開発は，農林省指定試験雑穀試験地として茨城県立農事試験場において開始された．1935年頃から交配育種が行われ，在来品種の鼠胡麻×大白の組み合わせから白ゴマ「関東1号」が育成され，以後「関東2号」および「関東3号」まで育成された．これらは福島県から愛知県において一時広く試験栽培されたが，普及には至らなかった．その後，昭和20年代から国立静岡大学や農林水産省中国農業試験場（当時）において国内外の遺伝資源の導入・評価が行われるとともに

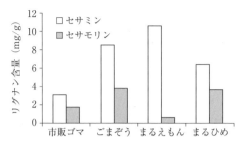

図 2.15 育成品種のリグナン含量[10]
リグナンは 80% エタノール抽出し HPLC で定量.
市販ゴマは主要メーカーの店頭販売品平均値 ($n=20$).

実験的な系統開発も行われた[5,8]. 現在では国内でゴマの品種開発を行っている機関は，農業・食品産業技術総合研究機構作物研究所だけである.

農林水産省は 1991 年からプロジェクト研究「新需要創出のための生物機能の開発・利用技術の開発に関する総合研究（バイオルネッサンス計画）」を開始した[9]. さまざまな作物の新展開を試験するなかでゴマに関しては，その当時，日本において健康機能性が解明されてきたゴマリグナンについて含量の向上を育種目標とした品種開発が作物研究所（当時）において開始された. 作物研究所は世界中のゴマを含む約 600 種をスクリーニングしリグナン含量が際立って高い 1 系統を発見した. しかし本系統は国内では非常に晩生で，十分に稔実しなかったため交配親として利用することとした. その結果，2000 年に世界的に類をみないセサミンおよびセサモリン含量が高く，国内栽培できる褐色ゴマの「ごまぞう」を開発した[11].「ごまぞう」は種苗として特性が明確でかつ安定しているとしてゴマでは初めて農林水産省で品種登録された. その後，2008 年に同じく高リグナン性の黒ゴマ「まるえもん」および白ゴマ「まるひめ」が開発された（図 2.15）[10]. 現在，作物研究所では，高リグナン性ゴマの栽培特性の改良や高オレイン酸含量など油糧組成の改変を目指した品種開発を行っている. なおリグナン含量の遺伝性については勝田ら[6]の交配実験が報告されるなど，関係機関と協同で解明が行われている.

国産ゴマはこれからも海外産物と比較されるが，価格では競争は厳しく，新たな付加価値の創造や向上が考えられ，このためには上に記した高リグナン性や油

図 2.16 ゴマの収量性に関与する形態の区分 写真左上：左が分枝あり，右が分枝なし．写真右上：左が1さく/節，右が3さく/節．写真下はさくの横断面で，左から2心皮，3心皮，4心皮，5心皮．

糧組成の改良など機能性や希少性を高めた品種の開発が有効であろう．加えてゴマリグナンをはじめとしたゴマの機能性成分の探索や解明といった基礎研究，機能性成分の活用方法の開発などは品種開発と協同することにより国産ゴマの生産振興につながる．また，良食味といわれる国産ゴマの食味を追求するうえでゴマの香り，味，硬さについての定性・定量法の開発が必要である．

付加価値の向上と同時に日本のゴマ栽培を継続するためには農家の生産性向上は避けられず，収量性向上や耐病性，機械収穫適性などが求められる．これまで小林[7]や Brar and Ahuja[3] の植物学的研究によりゴマの形態的形質の遺伝性については次第に明らかにされ，収量構成要素の統計遺伝学的解析[4]やさくの形態と油含量の遺伝性[2]について報告されている．しかし，ゴマの収量性向上を育種目標とした場合には収量構成要素の最適な組み合わせと栽培環境と遺伝子の相互作用が未解明である[1]．日本においても同様であり，ゴマの収量性向上を育種目標とした場合，さく数の増加とさく内の粒数の増加が基本であるが，国内で高い収量を示す最適な形質の組み合わせは不明である．さく数の増加には，節あたりのさく（花）数の増加すなわち1花型から3花型へ，また分枝の増加や節数の増加が考えられる（図2.16）．また，さくあたりの粒（種子）数の増加には，さくの容量を大きくする必要があり，長大化もしくは2心皮から4心皮へ転換が考えられ今後の検討を要する．

この他にも早生化や耐倒伏性，また立枯病をはじめとした耐病性の向上や油の含量や油糧組成についても重要である．さらにゴマの収量性については遺伝性とともに栽培法や栽培地域との関係など解明すべき点は多く残され，日本における多収モデルを明らかにする必要がある．

　最後に，ゴマの種皮色は粒食が盛んな日本人にとって重要な形質である．ゴマ遺伝資源を概観するとその多様な種皮色に驚かされるが，遺伝的には白色が劣性形質であること以外は解明が進んでいない．ゴマは交配が容易で除雄交配により1花から100粒前後が採種でき，また東北以南の日本全国で比較的容易に栽培が可能で，特殊な栽培・管理機械も不要であることから研究しやすい作物といえる．このため，ゴマの遺伝性や生産性の解明について各地の大学や関係機関による今後の取り組みが期待される．　　　　　　　　　　　　　　　　　〔大潟直樹〕

文　　献

1) Ashri, A. (1998). Sesame Breeding. Plant Breeding Reviews（Janick, J. ed.）, pp. 192-193, John Wiley.
2) Bayder, H. (2005). *Plant Breeding*, **124**, 263-267.
3) Brar, G. S., Ahuja, K. C. (1979). Sesame, Annual Rev., PlantSci.（Malik, C. P. ed.）, pp. 247-460, Kalyani Publ.
4) Kamala, T. (1999). *Indian J. of Agric. Sci.*, **69**(11), 773-774.
5) 河西凛衛 (1952). 日作紀, **21**(1, 2), 50-51.
6) 勝田眞澄他 (2005). 育種学研究, **7**(別1・2), 257.
7) 小林貞作 (1977). 遺伝, 5月号, 54-64.
8) 松岡匡一 (1956). 農業及園芸, **31**(6), 849-850.
9) 農林水産技術会議事務局 (1992). 新需要創出のための生物機能の開発・利用技術の開発に関する総合研究（バイオルネッサンス計画），平成3年度研究報告, pp. 304-311.
10) 大潟直樹他 (2013). 作物研究所報告, **13**, 57-75.
11) 安本知子他 (2003). 作物研究所報告, **44**, 5-58.

❮ 2.5　ゴマの品種と化学成分 ❯

2.5.1　品　　種

　ゴマは変異性に富み，そのうえ環境適応能力が大きい植物である．アフリカのサバンナ植生帯で発祥したゴマは，長年にわたる伝播過程で生育地の環境条件に適応した栽培種を生じ，赤道を中心に南北45緯度範囲内の熱帯から冷温帯にか

けて広く栽培されている.厳密な意味で品種として呼ばれるものは少なく,大部分は地方特産種である[6].

品種の分類は,通常,種皮の色により黒ゴマ,白ゴマ,茶ゴマ,金ゴマに大別される.また,葉腋に生じるさく果数,さく果を構成する心皮数,成熟期の早晩性,分枝性,草高,種子の大きさなどの有用形質に準ずる場合もある.小林[6]は,葉腋に生じるさく果数と花外蜜腺数,さく果を構成する心皮数と房室数,葉序などの形態形質の組み合わせによりゴマ属を18型に分類した.ゴマ属の遺伝資源は,富山大学理学部生物学教室と独立行政法人農業生物資源研究所農業生物資源ジーンバンクに保存されている.

2.5.2 化学成分

ゴマは油糧種子といわれるように約50%を脂質が占め,次いでタンパク質が約20%であり,炭水化物は約18%で,その大部分は食物繊維である.無機成分は豊富で,特にカルシウムを多量に含有する.また,ビタミン類としてB_1,B_2,ナイアシンなどヒトの栄養上重要なビタミンをきわめて高濃度に含む.ビタミンAやビタミンCは見られないが,ビタミンEは豊富である.さらに,栄養学的評価はなされていないが,微量成分としてリグナン系物質を1.0～1.5%も含有することが特徴である[16].

Kinmanら[5]は8品種を10地域で栽培し,油脂含量は50.6～56.6%に,タンパク質含量は22.2～29.5%に変動するが,ある地域での品種の序列は他の地域でも変わらないとし,両成分の含量は品種特性として本来遺伝的なものであるとした.

a.油脂

油脂含量は品種間に大きな差異が見られる.世界各地から導入したゴマ721種について油脂含量を調査したYermanosら[17]の結果によると,含量は40.4～59.8%と広く変動し,平均は53.1%であった.また,国別では地中海地域(イラン:55.0%,イスラエル:54.0%,トルコ:53.8%)から導入したものが最も高かった.松岡[8]は世界各地より導入した43品種について油脂含量と地理的分布の関係を求め,熱帯産や乾燥地帯産の品種は含油量が高く,温帯産は低い傾向にあり,また56.6%と高含油量をもつ品種No.45はイスラエルからの導入種であり,種

子重がきわめて高いものであったとした．Tashiroら[12]は栽培種42系統のゴマについて，油脂含量と種子形質との関係を求めた．油脂含量は43.4～58.8%に変動し，平均は52.7%であり，変動係数は7.4%とかなりの程度であった．種皮色との関係を見ると，白ゴマ種が55.0%と最も高く，茶ゴマ種は54.2%であり，黒ゴマ種は47.8%で白ゴマ種との差は顕著であった．金ゴマ種は比較的小粒であるが油脂含量は55.4%と白ゴマ種と同程度であった．油脂含量は種皮割合と正の相関関係が存在した．

油脂の脂肪酸は主としてリノール酸，オレイン酸であり，その他パルミチン酸，ステアリン酸などにより構成され，不飽和脂肪酸を多く含むのが特徴である[16]．奥山[9]は，筑波試験地で栽培したインドのゴマ遺伝資源探索収集系統140点の脂肪酸組成を分析した．各脂肪酸含量は系統間差異があり，その変動係数はリノール酸が21.0%，オレイン酸が16.2%とそれぞれ大幅に，ステアリン酸が5.8%とかなりの程度，パルミチン酸が2.2%とやや変化した．脂肪酸含量相互間の単相関係数では，オレイン酸とリノール酸との間にはきわめて高い負の相関関係が見られた．

野生種（*S. radiatum*，*S. schinzianum*，*S. mulayanum*）と栽培種（白ゴマ種，黒ゴマ種，茶ゴマ種，金ゴマ種）について，油脂含量と脂肪酸組成を比較した結果によれば，野生種の油脂含量はほぼ35%であり栽培種に比べ著しく低く，また脂肪酸組成は野生種と栽培種とで異なり，特にオレイン酸含量が栽培種に比べて野生種では少ないのが特徴であった．共存する8種類の脂肪酸の類似性によりクラスター分析した結果，*S. schinzianum*群と*S. radiatum*・*S. mulayanum*群と栽培種群との3群に分類され，さらに栽培種群は白ゴマ種・茶ゴマ種・金ゴマ種群と黒ゴマ種群とに2区分されたが，両区分間の類似性はきわめて近かった．

b. タンパク質

タンパク質の含量には品種間で差異が存在する．Kinmanら[5]はアメリカ・テキサス州で選抜24系統を調査し，タンパク質含量は16.7～27.3%で変動し，平均が22.3%であるとし，Dhawanら[1]はインド・ウデブー州で在来37系統を分析し，タンパク質含量は20.0～31.9%に変動し，平均が25.4%であるとした．また，栽培種53系統のゴマについて，窒素含量と種子形質（種皮割合，種皮色，粒の大きさ，種皮の表面構造）との関係を求めた結果[14]では，含量は3.1～4.7%

に変動し，平均が4.0%であり，変動係数が11.8%とかなり大きかった．種皮色では茶ゴマ種が3.9%，白ゴマ種が3.9%，黒ゴマ種が4.0%，金ゴマ種が4.3%であり，種皮色間で差異が認められなかった．粒の大きさでは大粒種が3.9%，中粒種が4.1%，小粒種が4.0%であり，粒の大小間で差異が存在しなかった．種皮の表面構造では平滑種が4.2%，粗面種が4.0%，極粗面種が3.8%であり，平滑種は粗面種と極粗面種とで差異が存在した．

タンパク質のアミノ酸は主としてグルタミン酸，アルギニンであり，その他アスパラギン酸，ロイシンなどにより構成され，FAO/WHOによって示された標準アミノ酸パターンと比較するとリジンが不足しているがメチオニンを多く含むのが特徴である[16]．アミノ酸含量は品種間で相違し，特にリジン，イソロイシン，メチオニン，スレオニン，バリンは変動が大きかった[2,15]．黒ゴマ種と白ゴマ種でアミノ酸含量には顕著な差異は認められなかった[7]．

c. 炭水化物

炭水化物はグルコースとフルクトースを少量含有し，それにオリゴ糖のプランテオースが含まれる[11]．しかしながら，デンプンは含有しない．栽培種37系統について，プランテオースとスクロースの各含量と種皮色との関係を求めた結果によれば[10]，プランテオース含量は4.7〜22.4 mg/gで，平均が8.6 mg/gであり，スクロース含量は2.9〜13.1 mg/gで平均が5.1 mg/gであり，両成分の変動係数はそれぞれ37.3%と38.1%とで大幅に変化した．ボリビア産の白ゴマ種がプランテオースとスクロースともに最も高い含量を示した．種皮色間ではプランテオースとスクロースとの含量に差異が認められなかった．プランテオース含量とスクロース含量とは正の相関関係が存在した．

d. 無機成分

無機成分の含量には品種間差異が存在する．田代ら[14]は栽培種53系統について，無機成分含量と種子形質の関係を求めた（表2.4）．各無機成分含量は系統間で，ナトリウム・カルシウム・マンガン・鉄・銅が大幅に，亜鉛・カリウムがかなり大きく，リン・マグネシウムがかなりの程度に，それぞれ変化した．黒ゴマ種は種皮割合がきわめて大きく，カルシウム含量が非常に高く，またマグネシウム含量が低い，白ゴマ種は種皮割合が小さく，マグネシウム含量が高い，茶ゴマ種は種皮割合が小さく，マグネシウム含量が低い，金ゴマ種は種皮割合が小さ

2.5 ゴマの品種と化学成分

表 2.4 ゴマの種子形質と無機成分含量との関係

形質	内容	粒重 (mg/100粒)	種皮割合 (%)	無機成分 (mg/100 g)							
				Ca	K	Mg	Mn	Fe	Zn	Cu	P	Na
種皮色	黒 (19)[1]	204.8a[2]	16.4b	1203.2b	484.9a	367.0a	2.5b	9.7a	7.4a	1.7a	719.3a	3.3a
	白 (14)	232.7ab	7.7a	1035.1b	503.5ab	393.5b	2.1ab	9.5a	7.0a	1.6a	762.3a	3.2a
	茶 (12)	282.0b	9.5a	1098.7b	488.4ab	361.3a	2.5b	9.8a	7.0a	1.5a	725.2a	3.7a
	黄 (8)	251.3ab	6.9a	519.0a	548.1b	374.7ab	1.7a	11.2a	7.6a	1.8a	753.7a	3.6a
粒大[3]	大粒 (16)	314.1c	9.7a	1050.4ab	500.2ab	363.1a	2.4a	10.4b	7.4b	1.6ab	719.6a	3.3a
	中粒 (24)	244.2b	9.5a	911.6a	522.5b	386.8b	2.1a	10.3b	7.5b	1.8b	770.2b	3.6a
	小粒 (13)	127.4a	15.7b	1231.2b	458.9a	363.3a	2.3a	8.6a	6.4a	1.5a	698.0a	3.3a
種皮構造	平滑 (13)	254.6a	6.2a	597.3a	534.9b	379.2a	1.7a	10.6a	7.4a	1.8b	755.3a	3.7a
	粗 (25)	220.5a	9.7b	1186.1b	494.7ab	378.1a	2.3b	9.5a	7.0a	1.5a	747.5a	3.2a
	極粗 (15)	248.0a	17.7c	1151.6b	479.2a	362.1a	2.5b	9.9a	7.4a	1.7ab	704.3a	3.5a
栽培種平均 (53)		236.6	11.1	1031.9	500.2	373.9	2.2	9.9	7.2	1.6	737.2	3.4
変動係数 (%)		30.6	51.6	31.5	10.9	7.9	27.2	18.6	14.8	19.9	9.1	35.9

1) ( ) 内の数字は試料数を示す.
2) 表中の異なる符号間では 5% 水準で有意差があることを示す.
3) 大粒:281〜360 mg/100粒, 中粒:191〜280 mg/100粒, 小粒:100〜190 mg/100粒.

く,カルシウム含量が非常に低い特徴をそれぞれ示した.大粒種は種皮割合が小さく,鉄と亜鉛を多量に含む,中粒種は種皮割合が小さく,マグネシウムとリンを多量に含有する,小粒種は種皮割合がきわめて大きく,カルシウムを多量に含み,またカリウムを少量含む特徴をそれぞれ示した.平滑種は種皮割合がきわめて小さく,カルシウム含量が低く,またマンガン含量が低い,粗面種は種皮割合が小さく,カルシウムとマンガンの各含量が高い,極粗面種は種皮割合がきわめて大きく,カルシウム含量が高い特徴をそれぞれ示した.

ゴマ栽培種遺伝資源のなかで,複数の無機成分が高低含量を示す有用な系統が見出された.Acc No 646(白色,中粒,平滑面)は銅・リン・マグネシウムの各成分を,それぞれ多量に有した.また,雲南在来種(黒色,小粒,極粗面)はマグネシウム・マンガン・鉄の各成分を,それぞれ少量含有していた.

野生種と栽培種の無機成分含量と種皮割合を比較した結果によると,種皮割合は野生種の *S. shinzianum* が 40.9%, *S. radiatum* が 33.9% であったが,栽培種 (*S. indicum*) では 11.1% であり,著しく低かった.また,各無機成分ではカルシウムが特徴的であり, *S. shinzianum* が 296.9 mg/100 g, *S. radiatum* が 604.7 mg/100 g, 栽培種が 1031.9 mg/100 g であり,野生種に比べ栽培種の含量

が著しく高かった．

e. リグナン

ゴマの栽培種にはセサミン，セサモリン，セサミノール配糖体などの特有のリグナンがかなり多く含まれる．野生種（S. angustifolium）には，それら以外のリグナンのセサンゴリンなどを含むものも見られる[3]．

リグナン含量には品種間差異が存在する[4,12]．田代ら[13]は国内外産 31 系統のセサミン，セサモリン，セサミノール配糖体の含量を求めた．セサミン含量は 0.33～9.35 mg/g で変動し平均が 3.95 mg/g であり，セサモリン含量は 0.05～3.73 mg/g で変動し平均が 1.75 mg/g であり，両成分の変動係数はそれぞれ 62.3% と 53.8% とで大幅であった．セサミノール配糖体は 0.22～14.3 mg/g であり平均が 3.18 mg/g で，変動係数は 95.5% とセサミンやセサモリンに比べて大きかった．セサモリン含量とセサミン含量とは正の相関関係が存在した．セサモリン含量は種皮色間で差異が見られないが，セサミン含量は種皮色間で差異があり黒ゴマ種が白ゴマ種や茶ゴマ種に比べて低かった．高セサミン系統はラオス在来種の黒ゴマ種であり，高セサモリン系統はミャンマー在来種の黒ゴマ種であり，高セサミノール配糖体系統は日本在来種の白ゴマ種であった．〔田代　亨〕

文　献

1) Dhawan, S. et al. (1972). *J. Food Sci. Tec.*, **9**, 23-25.
2) Evans, R. J., Bandemer, S. L. (1967). *Cereal Chem.*, **44**, 417-426.
3) Jones, W. A. et al. (1962). *Jour. Organic Chem.*, **27**, 3232-3235.
4) 福田靖子他（1988）．日食工誌，**35**, 483-486.
5) Kinman, M. L., Stark, S. M. Jr. (1954). *J. Am. Oil Chemist' Soc.*, **31**, 104-108.
6) 小林貞作（1989）．ゴマの科学（並木満夫・小林貞作編），pp. 1-41, 朝倉書店．
7) Krishnamurthy, K. et al. (1960). *Ann. Biochem. Exp. Med.*, **20**, 73-76.
8) 松岡匡一（1956）．四国農試報，**5**, 47-64.
9) 奥山善直（1995）．*Sesame Newsletter*, **7**, 35-37.
10) 田川和泉（2006）．千葉大学園芸学部 2005 年度卒業研究．
11) Takeda, T. et al. (2000). *J. Home Econ. Jpn.*, **51**, 1115-1125.
12) Tashiro, T. et al. (1990). *JAOCS*, **67**, 508-511.
13) 田代　亨ほか（2003）．日作紀，**72**（別号 1），182-183.
14) 田代　亨・今井　勝（2009）．日作紀，**78**（別号 1），192-193.
15) Tinay, E. et al. (1976). *J. Am. Oil Chemist' Soc.*, **53**, 648-653.
16) 山下かなへ（1989）．ゴマの科学（並木満夫・小林貞作編），pp. 100-112, 朝倉書店．
17) Yermanos, D. M. et al. (1972). *J. Am. Oil Chemist' Soc.*, **49**, 20-23.

2.6 ゴマの栽培環境と化学成分

ゴマの化学成分の含量は品種（系統）が具備する遺伝的特性によるが，気候・土壌条件や施肥条件などの栽培環境によっても変動する[1,2,4,5,15]．

2.6.1 産地による差異

セレンは最近注目されている微量元素の一つであり，ゴマはセレンの補給源となっている．土壌中のセレン存在量は地球上の地域によって大きな差があり，その地域で生育する植物のセレン含量に影響を及ぼす．世界各地の主要なゴマの生産地から収集した21試料を測定した結果[12]，ベネズエラ産のFONUCLAとBLANCO PUROが高く，それぞれ4.8 μg/gと2.2 μg/gであった．次いで，タンザニア産が1.4 μg/gであり，インド産が0.7 μg/gと続いたが，他のほとんどの試料は0.1～0.2 μg/gであり，低い値を示した．セレンの変動係数は183.2%であり，他の共存元素の変動係数（ナトリウム：123.0%，アルミニウム：79.8%，マンガン：33.0%，亜鉛：23.8%，鉄：29.1%，ホウ素：18.7%，銅：17.3%，カルシウム：17.0%，カリウム：9.7%，マグネシウム：7.5%，リン：7.3%）に比べて際立って高く，産地間で非常に大きな差異が存在した．

2.6.2 播種期による差異

田代ら[14]は4月中旬から7月下旬にかけて播種を2週間間隔で順次移動し，収量と品質への影響を検討した．収量は播種期で差異があり，5月下旬播きで最も高く，それ以降順次低下し，特に7月中旬播き以降で激減した．収量関連形質の粒重と種皮割合は，それぞれ播種期で異なり，粒重は6月中旬播きで最も高い値が得られ，種皮割合は6月初旬播きで最も低い値が得られた．品質に関連する化学成分の油脂，窒素，リグナンの各含量も播種期で変動したが，高収量が生産される播種期が必ずしも各成分の含量を高めなかった．油脂含量は49.5～53.0%に変動し，4月下旬播きで高含量が生産された．油脂を構成する主な脂肪酸であるオレイン酸は41.2～46.1%に変動し，5月初旬播きで最も高い割合を示した．窒素含量は4.1～5.0%に変動し，5月下旬播きが最も高い値が得られた．

リグナンでは，セサミン含量は3.10～4.95 mg/gに，セサモリン含量は0.03～0.08 mg/gに，セサミノール配糖体含量は0.18～6.50 mg/gに変動し，それぞれ6月中旬，7月下旬，4月下旬に最も高い値に達した．

開花日から開花後30日までの登熟期間の平均気温とオレイン酸組成割合およびセサミン含量とには一定の関係が存在し，18～28℃の温度範囲でオレイン酸組成割合は正の相関関係が認められ，またセサミン含量は凸型の分布を示し23℃付近で最大値を示した[14]．なお，Weiss[16]によれば，平均気温が高いほど油脂含量の高い種子が生産されるという．

田代ら[13]は開花始日後10日目からの登熟期の温度環境が粒重とセサミン含量へ与える影響について，温度制御ガラス温室（太陽光）によるポット栽培試験で検証した．登熟全期を20/14℃（昼/夜），25/19℃（昼/夜），30/24℃（昼/夜）の3水準とした温度処理では，粒重は25/19℃区，30/24℃区，20/14℃区の順で低くなり，25/19℃区・30/24℃区と20/14℃区とで差異が認められ，セサミン含量は30/24℃区，25/19℃区，20/14℃区の順で低下し，30/24℃区と20/14℃区とで差異が存在した．また，登熟期の前期と後期を20/14℃（昼/夜），30/24℃（昼/夜）の2水準で交互に変えた変温処理では，セサミン含量は30/24℃区－20/14℃区が最も高く，次いで30/24℃区－30/24℃区，20/14℃区－30/24℃区と続き，20/14℃区－20/14℃区が最も低くなり，30/24℃区－20/14℃区と30/24℃区－30/24℃区とで差異が生じたが，20/14℃区－30/24℃区と20/14℃区－20/14℃区とでは差異が認められなかった．

2.6.3 施肥条件による差異

収量と品質は肥料の施用により影響され，その程度は肥料の種類により差異がある[5]．ポット栽培による3要素肥料の単用および複合試験によれば[3,6]，収量は窒素とリン酸の施用により増収するが，カリでは認められなく，窒素による増収効果はリン酸を複合することによりいっそう高まった．また，セサミンとセサモリンの含量はリン酸の施用により低下したが，窒素とカリでは影響が見られなかった．セサミノール配糖体の含量はリン酸により強く影響され，その施用により高められるが，窒素とカリによりほとんど影響されなかった．白ゴマ種と黒ゴマ種いずれも，セサミノール配糖体はセサミンとセサモリンともに負の相関関係

を示し，またセサミンとセサモリンとの間には正の相関関係が存在した．

　圃場栽培で化成肥料を m^2 あたり 0, 15, 30, 60, 120 g の 5 水準とした施肥量試験の結果[11]では，施用により収量は増加傾向を，油脂含量とセサミン含量は低下傾向をそれぞれ示すが，両者とも施肥量間では明瞭な差異が認められなかった．収量と油脂含量およびセサミン含量とは負の相関関係が存在した．

2.6.4　さく果の着生位置間による差異

　ゴマの開花は基部から上部に求頂的に順次進み，開花期間は 8～10 週間に及ぶ．植物体を開花期に準じて主茎では 5 区分（基部下位，基部上位，中央部下位，中央部上位，上部）し，分枝では 2 区分（基部，上部）し，油脂含量とセサミンおよびセサモリンの含量を求めた[7]．油脂含量は，主茎の基部下位から得た種子が最も低く（51.7％），分枝の上部から得たものが最も高かった（56.6％）．セサミンとセサモリンの含量は主茎の中央部上位と中央部下位から得た種子がそれぞれ最も高かった（0.45 mg/g と 0.33 mg/g）．また，両物質ともに主茎の基部下位の種子で最も低い値（0.19 mg/g と 0.28 mg/g）を示した．

2.6.5　種子熟度による差異

　収穫期によりリグナン含量は変動する．さく果の黄緑色期と裂開始期にそれぞれ収穫し，油脂とセサミンおよびセサモリンの含量を比較した．粒重と油脂含量は両収穫期間で差異が認められないが，セサミンとセサモリンの含量は差異が生じ，黄緑色期に比べ裂開始期のものの含量が 18％ と 10％ とそれぞれ低く，種子の熟度進行は含量を減少させた[7]．

　田代ら[10]は，ゴマ種子の成長に伴うセサミン，セサモリン，セサミノール配糖体の消長を調べた．種子の乾物重は開花後 15 日目から 30 日目にかけて急増し，それ以降暫増し 35 日目に最大値に到達し，その後一定を保った．種子の含水率は開花後 5 日目以降減少し 35 日目より 40 日目にかけて急激に低下し，それ以後同程度の値で経過した．セサミンとセサモリンは開花後 10 日目から検出された．セサミンは開花後 10 日目以降急増し 30 日目に最大に達し（8.06 mg/g），その後完熟期まで急減した（3.45 mg/g）．セサモリンは開花後 10 日目以降 20 日目まで急増し（2.86 mg/g），その後ほぼ一定の値を示し 40 日目から暫減した．セ

表 2.5 ゴマ種子の構成組織別の無機成分とリグナン量の比較（白ゴマ種）

組織	無機成分 (mg/100 g)					リグナン含量 (mg/g)		
	Ca	Mg	Fe	Zn	Mn	セサミン	セサモリン	セサミノール配糖体
全粒	654.1	449.4	2.93	3.03	0.79	2.87	1.15	2.36
種皮	2804.0	438.9	9.42	1.66	2.07	0.95	0.57	0.61
内胚乳	467.5	221.5	2.27	2.11	0.63	3.42	1.84	0.83
子葉	33.8	551.7	4.41	4.42	1.23	2.99	1.21	2.42

サミノール配糖体は種子乾物重が最大に達した以降の開花後40日目から検出され，種子の脱水が進むとともに急増した．

2.6.6 種子の構成部位による差異

ゴマ種子の構造は，種皮，内胚乳，胚に大別される．胚は，胚軸，子葉，幼芽，幼根に分かれ，子葉は対をなして幼芽の基部につく．内胚乳と子葉は養分を蓄え，ゴマ種子は有胚乳種子と無胚乳植物との中間に位置する組織構成を示す．田代ら[8,9]は，種子の構成組織別に無機成分とリグナンの含量を求めた（表2.5）．各組織の割合は，種皮が10.8%，内胚乳が27.2%，子葉が62.0%であった．カルシウムはほとんどが種皮にシュウ酸塩として局在した．鉄は種皮に，マグネシウムと亜鉛は子葉に，それぞれ多く含有された．セサミンは子葉と内胚乳にほぼ同程度それぞれ含まれ，種皮にも量的にわずかに含有された．セサモリンは，各部位ともにセサミンの半量程度存在した．セサミノール配糖体は，子葉に多く含まれ，内胚乳と種皮にはわずかであった． 〔田代 亨〕

文 献

1) Beroza, M. et al. (1955). J. Am. Oil Chemist' Soc., **32**, 348-350.
2) Kinman, M. L. et al. (1954). J. Am. Oil Chemist' Soc., **31**, 104-108.
3) 工藤 剛他 (2001). 日作紀, **70** (別号2), 109-110.
4) Kumazaki, T. et al. (2009). Plant Prod. Sci., **12**, 481-491.
5) Mitchell, G. A. et al. (1974). Soil Sci. Soc. Amer. Proc., **38**, 925-931.
6) 野村朋史他 (2001). 日作紀, **70** (別号2), 111-112.
7) Tashiro, T. et al. (1991). Japan. J. Crop Sci., **60**, 116-121.
8) 田代 亨他 (2004). 日作紀, **73** (別号1), 110-112.
9) 田代 亨・野村朋史 (2004). 日作紀, **73** (別号2), 18-19.
10) 田代 亨 (2006). 日作紀, **75** (別号1), 256-257.

11) 田代　亨他（2009）．日作紀，**78**（別号2），60-61．
12) 田代　亨他（2010）．日作紀，**79**（別号1），212-213．
13) 田代　亨・石井良実（2010）．日作紀，**79**（別号2），372-373．
14) 田代　亨他（2011）．日作紀，**80**（別号1），250-251．
15) 安本知子他（2005）．日作紀，**74**，165-171．
16) Weiss, E. A. (1983). Sesame. Oilseed Crop, pp. 282-340, Longman.

3 ゴマの食品科学

● 3.1 ゴマの食品成分 ●

 ゴマは，栄養価も高く，さまざまな健康増進機能を有する食品の一つである．ダイズとともにその成分を表3.1に示した．ゴマは油糧種子の一つであり，主成分は脂質で約50%を占めている．タンパク質は魚や肉と同様約20%含み，炭水化物は約20%弱含んでいる．その他，ビタミン，ミネラル，水分などで構成されており，微量成分としてセサミン，セサモリン，セサミノールなどのゴマリグナン類を0.8〜1.0%含んでいる[3]．

 ゴマの脂質含量は，品種や栽培条件によって異なることが報告されており，低含量のものは34〜35%，高含量のものは63〜64%である[6]．種皮の色によっても含量に違いがみられ，白ゴマでは平均55%，黒ゴマでは47.8%である[5]．ゴマの主な脂肪酸組成を表3.2に示した．ゴマの脂質を構成する脂肪酸は，オレイン酸38.4%，リノール酸45.6%，次いでパルミチン酸8.8%である．ゴマに含まれる脂肪酸の特徴として，他の油糧種子に比べ一価不飽和脂肪酸であるオレイン酸の含量が多く，また，多価不飽和脂肪酸は，必須脂肪酸であるn-6系のリノール酸が大部分を占め，オレイン酸とリノール酸で80%以上を占めること，n-3系であるリノレン酸含量はきわめて少ないことなどがあげられる．

 また，ゴマ種子のなかには，血中コレステロールを下げる働きのある植物ステロールがアーモンドやクルミに比べ約2倍以上の400 mg/100 g含まれている[8]．主なものは，Δ5-アベナステロール（40.4 mg/100 g），カンペステロール（53.1 mg/100 g），スティグマステロール（22.2 mg/100 g），シトステロール（231.7 mg/100 g）である[8]．

3.1 ゴマの食品成分

表3.1 ゴマの成分組成（値は100gあたりで示す）（Tr：微量）

		ゴマ（乾燥）	ゴマ（むき）	ダイズ（全粒，国産，乾燥）
エネルギー（kcal）		578	603	417
水分（g）		4.7	4.1	12.5
タンパク質（g）		19.8	19.3	35.3
炭水化物（g）		18.4	18.8	28.2
脂質（g）		51.9	54.9	19.0
食物繊維（g）		10.8	13.0	17.1
灰分（g）		5.2	2.9	5.0
ビタミン	レチノール当量（μg）	1	Tr	1
	β-カロテン当量（μg）	17	2	6
	ビタミンB_1（mg）	0.95	1.25	0.83
	ビタミンB_2（mg）	0.25	0.14	0.30
	ナイアシン（mg）	5.1	5.3	2.2
	ビタミンC（mg）	Tr	(0)	Tr
	α-トコフェロール（mg）	0.1	0.1	1.8
	β-トコフェロール（mg）	0.2	Tr	0.7
	γ-トコフェロール（mg）	22.2	31.9	14.4
	σ-トコフェロール（mg）	0.3	0.5	8.2
ミネラル	カルシウム（mg）	1,200	62	240
	リン（mg）	540	870	580
	鉄（mg）	9.6	6.0	9.4
	ナトリウム（mg）	2	2	1
	カリウム（mg）	400	400	1,900
	マグネシウム（mg）	370	340	220
	亜鉛（mg）	5.5	5.5	3.2
	銅（mg）	1.66	1.53	0.98

（五訂増補日本食品標準成分表，文部科学省　科学技術・学術審議会資源調査分科会報告）

表3.2 ゴマの主な脂肪酸組成（総脂肪酸100gあたりの脂肪酸g）（Tr：微量）

	脂肪酸	ゴマ（乾燥）	ゴマ（むき）	ダイズ（全粒，国産，乾燥）
14：0	ミリスチン酸	Tr	Tr	0.1
16：0	パルミチン酸	8.8	8.9	11.5
18：0	ステアリン酸	5.9	5.2	3.3
20：0	アラキジン酸	0.6	0.6	0.2
14：1	ミリストレイン酸	−	0	−
16：1	パルミトレイン酸	0.1	0.1	0.1
18：1	オレイン酸	38.4	37.7	21.6
20：1	イコセン酸	0.2	0.2	0.2
18：2	リノール酸	45.6	46.5	51.8
18：3	α-リノレン酸	0.3	0.4	10.7

（五訂増補日本食品標準成分表，文部科学省　科学技術・学術審議会資源調査分科会報告）

ゴマは,約20%(16.7〜27.4%,平均22.3%)のタンパク質を含んでいる[6].タンパク質は主に貯蔵タンパク質であり,アルブミン(8.9%),グロブリン(67.3%),プロラミン(1.3%),グルテリン(6.9%)から成る.不溶性11Sグロブリン(β-グロブリン)と可溶性2Sアルブミン(α-グロブリン)で全種子タンパク質の80〜90%を構成している[9].また,2Sアルブミン,11Sグロブリンなどがゴマアレルゲンとして報告されている[1].

ゴマタンパク質のアミノ酸組成を表3.3に示した.リジンは制限アミノ酸で,FAO/WHO/UNU合同専門会議報告に比べ含有量が少ないが,メチオニン,スレオニン,イソロイシン,フェニルアラニンを多く含んでいる.タンパク質利用の観点からは,ゴマ単独での摂取は望ましくなく,アミノ酸の補足効果を期待し,

表3.3 ゴマタンパク質のアミノ酸組成(mg/gタンパク質)

アミノ酸	ゴマ(乾燥)	ダイズ (全粒,国産,乾燥)	参考:アミノ酸評点パタン (FAO/WHO/UNU 18歳以上) 2007年
イソロイシン	46	52	30
ロイシン	82	89	59
リジン	35	74	45
メチオニン	39	16	22
シスチン	29	19	
フェニルアラニン	55	61	38
チロシン	42	40	
スレオニン	42	47	23
トリプトファン	20	16	6
バリン	59	56	39
ヒスチジン	32	32	15
アルギニン	150	83	
アラニン	56	50	
アスパルギン酸	99	140	
グルタミン酸	220	220	
グリシン	60	50	
プロリン	45	61	
セリン	51	61	

(日本食品標準成分表準拠 アミノ酸成分表2010,文部科学省 科学技術・学術審議会資源調査分科会報告)

リジンの多い食品，たとえばダイズとの併用が望まれる．

　ゴマに炭水化物は 18〜20% 含まれ，そのうち約 11% は食物繊維である．その他，グルコース，フルクトース，スクロース，プランテオースなどオリゴ糖が含まれているが，デンプンは含まれていない[5]．

　ゴマは，代謝に関係するビタミン B_1, B_2, ナイアシンと抗酸化に関与するビタミンEなどのビタミンを豊富に含んでいる．ビタミンEには α-, β-, γ-, δ-トコフェロールと α-, β-, γ-, δ-トコトリエノールの 8 つの同族体が存在している．一般の食品では，α-または γ-トコフェロール含量が多いが，ゴマの場合は α-に比べ γ-トコフェロール含量が非常に多い（表3.1）．トコフェロールの抗酸化能力は，$\delta > \gamma > \beta > \alpha$-トコフェロールの順で高く[7]，このような組成およびゴマリグナン類（3.2節参照）の存在がゴマ油の酸化安定性に寄与していると考えられる．生体内でのビタミンEとしての効力は $\alpha : \beta : \gamma : \delta = 100 : 40 : 10 : 1$（日本ビタミン学会脂溶性ビタミン総合研究委員会）であるが，γ-トコフェロールはゴマリグナンとの共存下で活性化され，肝臓で利用されることが報告されている（4.3.1項参照）．

　ゴマはカルシウム，マグネシウム，鉄などのミネラルを多く含んでいる（表3.1）．ゴマに含まれるカルシウムは他の食品に比べても多く 1,200 mg/100 g 含んでいるが，主に種皮に含まれているために，脱皮することで激減し，むきゴマでは，62 mg/100 g と 5% 程度になる．ゴマに含まれるカルシウムはシュウ酸と結合して，約 53% がシュウ酸カルシウムの結晶として存在しているために，有効なカルシウムは 50% 弱と推定されている[4]．

　ゴマの成分の特徴としてセレン含量が多いこともあげられる．一方，ゴマのセレン含量は，土壌中の存在量によって影響を受けることが知られている[10]．セレンは，過酸化水素やヒドロペルオキシドを分解するグルタチオンペルオキシダーゼの構成成分となっており，ビタミンEやスーパーオキシドジスムターゼ（SOD）などとともに，抗酸化システムに重要な役割を担っている．

　また，ゴマはほかの食材に比べフィチン酸含量が多く，茶ゴマでは 6.5 g/100 g，白ゴマでは 4.2 g/100 g 含まれている[2]．フィチン酸には，抗酸化作用があり，がん予防も期待されている一方，フィチン酸はカルシウム，マグネシウム，亜鉛などとキレート結合し，フィチンの形で存在しており，ミネラルの吸収阻害を引

き起こすことも知られている。　　　　　　　　　　　　　　　　〔高崎禎子〕

文　献

1) Dalal, I. et al. (2012). *Curr. Allergy Asthma. Rep.*, **12**, 339-345.
2) Embaby, H. E. (2011). *Food Sci. Technol. Res.*, **17**, 31-38.
3) 福田靖子（2007）．日本調理科学会誌，**40**，297-304．
4) 石井裕子・滝山一善（2000）．日本調理科学会誌，**33**，372-376．
5) John, S. et al. (2011). Sesame for Functional Foods (Namiki, M. ed.), pp. 215-262, CRC Press.
6) Namiki, M. (1995). *Food Rev. Internat.*, **11**, 281-329.
7) 小野伴忠（2012）．ビタミン，大豆の機能と科学（小野伴忠他編），pp 51-52，朝倉書店．
8) Phillips, K. M. et al. (2005). *J. Agric. Food Chem.*, **53**, 9436-9445.
9) Tai, S. S. K. et al. (1999). *J. Agric. Food Chem.*, **47**, 4932-4938.
10) 山下かなへ（1989）．ゴマの栄養化学，ゴマの科学（並木満夫他編），pp. 100-112，朝倉書店．

◀ 3.2　ゴマリグナン ▶

　リグナンは，β-ヒドロキシフェニルプロパンの酸化的カップリングによって生成した低分子の天然化合物である[20]．多くの植物のなかに，微量成分として見出されているが，特に，木部，樹皮，根，種子に多い．リグナンの生合成経路の詳細は3.2.2項で述べる．リグナンには細胞分裂阻害作用があり，抗腫瘍，抗ウイルスなどの作用が知られているが，興味深いことに，ゴマ種子には，かなりの量のリグナン類が含まれている[20]．ゴマのリグナンはゴマのさまざまな食品機能性に関与していることが明らかとなり，注目すべき成分である．

3.2.1　主なゴマリグナン類の種類と機能

a.　主なゴマリグナン類の種類

　主なゴマリグナンであるセサミンとセサモリンは，1950年にBerozaら[1]により発見され，Budowski[2]は，ゴマ油の酸化安定性をセサモリンの分解で生じるセサモールであると報告した．筆者らはその後セサミノールを単離，精製し，新規リグナンであることがわかった（Osawaら[22]）．セサミンは2分子のコニフェリルアルコールラジカルがβ-β-(8-8)位で縮合した物質で，代表的なリグナン構造を有している（図3.1）．

　さらに，1980年頃からのLCMSやNMRなど高性能精密分析機器の技術開発

3.2 ゴマリグナン

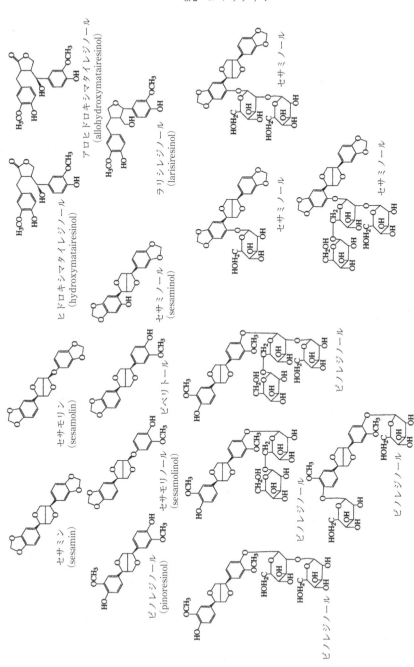

図 3.1 ゴマ (*Sesamum indicum* L.) 種子中のリグナン化学構造

により，ゴマリグナン類の分離同定も著しく進み，セサミノールのみならず，セサモリノールやピノレジノール，ピペリトールのフェノール型リグナン類も単離・同定された（Fukudaら[4]）．フェノール型リグナンは種子中では，いずれもグルコースが1〜3個結合した配糖体となっている．含有量はセサミノールが最も多い（Katsuzakiら[12]）．

遊離型のセサミンとセサモリンに加えて，これら配糖体を含めるとゴマ種子のリグナン類の全量は，約0.8〜1%くらいとなる．しかし，これらリグナンの種類や含量には，品種や栽培地の影響が大きくみられる．

富山大学保存国産の白と黒系のゴマ種子12種のリグナン量を測定し比較すると，セサミン490.6±198.6 mg/100 g oil，セサモリン300.4±113.6 mg/100 g oilとなり，セサミンがセサモリンより最大で1.7倍であった．白ゴマはセサミン＞セサモリン，黒ゴマはセサミン＜セサモリンの傾向であった[7]．セサコ社（アメリカ，テキサス州）保存ゴマ種子29種についてのMoazzamiら[16]の報告では，セサミン468.2±361.4 mg/100 g oil，セサモリン284.1±152.3 mg/100 g oil，セサミン/セサモリンは，最大で1.9倍となり，国産ゴマと比較しても両リグナンとも大差はなかった．しかし，東南アジアの極小粒ゴマ（ノミゴマ）には高リグナン種も見出されている（p.46参照）．

b. 主なゴマリグナンの科学的特性

セサミンは，きわめて疎水性が高いため，結晶状に得られやすいが，実際には，未焙煎ゴマ油（ゴマサラダ油）を精製する真空脱色工程におけるスカムから結晶状に得られる．しかし，ここで得られたセサミンは，精製工程で化学変化した立体異性体のエピセサミンをほぼ同量（1:1）含有している．エピセサミンは，天然のセサミンよりも生理効果が強いとの報告もある（Ideら[9]）．最近，セサミン分子の正確な立体化学構造と熱力学的特性が分光分析データと理論的計算値を基に明らかにされた（Hsiehら[8]）．

セサモリンはセサミンの化学構造の一方にアセタール酸素架橋をもつユニークな構造をしていて，ゴマ種子の特徴的なリグナンのようである．

一方，セサミノールは，種子中では主に配糖体として存在していて，その含量は約0.2%（配糖体として）と推定され，配糖体型リグナンの中では最も多い．このセサミノールはまた，ゴマサラダ油の主要な抗酸化物質であるが，ゴマ油

の精製時の脱色工程でセサモリンから化学的に生成されることが明らかにされた（Fukudaら[5]）．すなわち，ゴマ油精製工程で，非抗酸化リグナン（セサモリン）が有用な抗酸化リグナン（セサミノール）へと化学変化していたのである．この変化は脱色工程で使用する酸性白土の触媒作用によりセサモリンの分子内転移が生じて，その反応によってセサミノールが生成するという新しい反応であった．この反応はまず，非水系の下で，酸性白土（H^+）によりセサモリンのアセタール酸素架橋が切れて，サミン分子のオキソニウムイオンとセサモールとなる．そのオキソニウムイオンは，非水系下，直ちにセサモールのオルソ位のC（炭素）と親電子的に結合して，新規化合物のセサミノールとなる．しかし，この反応中に，極微量の水が存在すると，セサモリンに加水分解が起こり，サミンとセサモールになる（Fukudaら[6]）．この化学反応から理論的に4種の異性体が生成する．しかし，立体的障害などで，主に存在する異性体はそのなかの2種である．

ゴマ油のセサミノール量はおよそ120〜140 mg/100 ml oilであるが，一方，種子中の遊離型は，1.0 mg/100 gと微量である．しかし，かなりの量のセサミノールは配糖体としてセサミンと同量くらい種子中に存在する（Katsuzakiら[12]）．

ゴマリグナン配糖体からリグナン類を遊離するには，細菌，麹菌，糸状菌などの微生物が産生する酵素を利用（Ohtsukiら[21]，小泉ら[13]，宮原ら[15]）したり，酵素，特に，β-グルコシダーゼとセルラーゼが効率的である（栗山ら[14]）．

c. ゴマリグナンの生理作用

これまでにゴマ種子から単離同定されたゴマリグナン類は10種ほどである．これらゴマリグナン類における共通する化学構造の特徴が生体内での生理活性発現にかかわっていると考えられる．1つは，活性酸素捕捉能を発揮するフェノール性水酸基を遊離，または配糖体型のフェノールタイプのゴマリグナン類であり，2つ目は，コニフェリルアルコールの酸化的カップリング反応で生成されたヒューズドテトラ環の立体構造である．配糖体は水酸基を安定化すると同時に，必要に応じて，すばやくβ-グルコシダーゼなどの酵素で分解して利用できる．配糖体を摂取した場合は，腸内細菌などで分解され遊離のリグナンフェノールとなり，生体内抗酸化作用を発揮する（Janら[11]）．これらリグナン類はさらなる代謝を受け，抗炎症作用や強力な抗酸化能を発揮する（Janら[10]，Mochizukiら[17]）．

また，セサモリンの酸分解やゴマ油の加熱分解で生じるセサモールに関しては，最近，γ線傷害に対する組織 DNA や細胞膜の酸化防御作用（Nair ら[19]）などの報告がある．

黒ゴマ水洗廃液から単離されたピノレジノール，ラリシレジノール，ヒドロキシマタイレジノール（長島ら[18]）およびセサミンも腸内細菌によりエンテロラクトンやエンテロジオールに代謝され，女性ホルモン様作用を示すことが報告されている（陳[3]，Touillaud ら[23]）．

なお，リグナン類の健康機能の詳細については第 4 章に記載されている．

〔並木満夫・福田靖子〕

文　献

1) Beroza, M. *et al.* (1956). *J. Am. Chem. Soc.*, **78**, 5082.
2) Budowski, P. (1950). *JAOCS*, **27**, 264.
3) 陳　琮湜 (2012). 腸内細菌学雑誌, **26**, 171-181.
4) Fukuda, Y. *et al.* (1985). *Agric. Biol. Chem.*, **49**, 301-306.
5) Fukuda, Y. *et al.* (1986). *Agric. Biol. Chem.*, **50**, 857-862.
6) Fukuda, Y. *et al.* (1986). *JAOCS*, **63**, 1027-1031.
7) 福田靖子他 (1988). 日食工誌, **35**, 483-486.
8) Hsieh, *et al.* (2004). *Biophys. Chem.*, **114**, 13-20.
9) Ide, T. *et al.* (2001). *Biochem. Biophys. Acta*, **1534**, 1-13.
10) Jan, K. C. *et al.* (2010). *J. Agric. Food Chem.*, **58**(13), 7693-7700.
11) Jan, K. C. *et al.* (2011). *J. Agric. Food Chem.*, **59**(7), 3078-3086.
12) Katsuzaki, H. *et al.* (1994). *Phytochem.*, **35**(3), 773-776.
13) Koizumi, M. *et al.* (1996). 日食科工誌, **43**, 689-694.
14) Kuriyama, S., Murui, T. (1993). 日農化誌, **67**, 701-705.
15) 宮原由行他 (2001). 日食科工誌, **48**(5), 370-373.
16) Moazzami, A. A. *et al.* (2006). *JAOCS*, **83**(8), 719-723.
17) Mochizuki, M. *et al.* (2009). *J. Agric. Food Chem.*, **57**(21), 10429-10434.
18) 長島万弓・福田靖子 (1999). 日食科工誌, **46**(6), 382-368.
19) Nair, G. G. *et al.* (2010). *Cancer Biother. Radiopharm.*, **25**(6), 629-635.
20) 並木満夫・小林貞作編 (1989). ゴマの科学, pp.154-168, 朝倉書店.
21) Ohtsuki, T. *et al.* (2003). *Biosci. Biotech. Biochem.*, **67**, 2304-2306.
22) Osawa, T. *et al.* (1985). *Agric. Biol. Chem.*, **49**, 351-352.
23) Touillaud, M. S. *et al.* (2007). *J. Natl. Cancer Inst.*, **99**, 475-486.

3.2.2　リグナンの生合成

リグナン・ネオリグナンの生合成は，単量体の p-ヒドロキシフェニルプロペ

ン類（図3.2）の生成, それら単量体の二量化によるリグナン・ネオリグナン骨格の生成, さらにそれらの側鎖や芳香環の化学修飾・官能基変換に分けられる.

a. 前駆体であるフェニルプロペン類の生合成の概要

p-ヒドロキシフェニルプロペン類中で主要なコニフェリルアルコール, シナピルアルコールなどのモノリグノール類の生合成は文献の成書に詳述されている. コニフェリルアルコールはその9位のアルコールが酢酸エステルとなり, これがNADPHで還元されて, 9位がメチル基のイソオイゲノールになる.

b. リグナン・ネオリグナンの生合成

高等植物（維管束植物）では, ゴマリグナンを含めて多くのリグナン・ネオリグナンは9,9'位（側鎖の末端）に酸素原子を有する. これらはモノリグノール類すなわちp-ヒドロキシケイ皮アルコール類［例：コニフェリルアルコール］の二量化で生じる. このフェノールが脱水素してフェノキシラジカル（R_{4O}）となると, いくつかのラジカル共鳴体（R_{4O}, R_5, R_1, R_8）を与える（図3.2）. R_8同士がカップリング（再結合）すると, 8-8'結合した二量体リグナンが生じる. ネオリグナンはR_8同士以外のラジカルの組み合わせによるカップリングで生じる.

一方, 9,9'位に酸素原子を有さない9,9'-デオキシ型のリグナン・ネオリグナンも存在し, これらはイソオイゲノール［R^1=CH$_3$］のようなp-ヒドロキシフェニルプロペン［4-(2-プロペニル)フェノール］類の二量化で生じる.

図3.3のように, コニフェリルアルコール2分子がオキシダーゼまたは1電子酸化剤によって脱水素される. 生じた2つの8位ラジカル（R_8）が, dirigent protein（ディリジェントプロテイン）と命名された鋳型タンパク質によって si

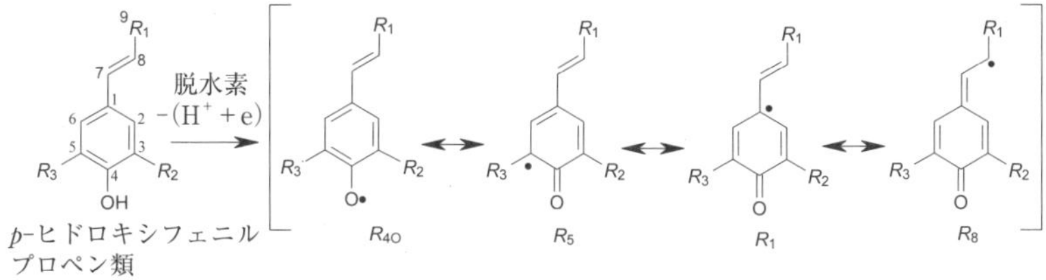

図3.2 p-ヒドロキシフェニルプロペン類の脱水素とそれによって生じるフェノキシラジカルの共鳴体

コニフェリルアルコール：R_1=CH$_2$OH, R_2=OCH$_3$, R_3=H. シナピルアルコール：R_1=CH$_2$OH, R_2=OCH$_3$, R_3=OCH$_3$. イソオイゲノール：R_1=CH$_3$, R_2=OCH$_3$, R_3=H. カフェ酸：R_1=COOH, R_2=OH, R_3=H.

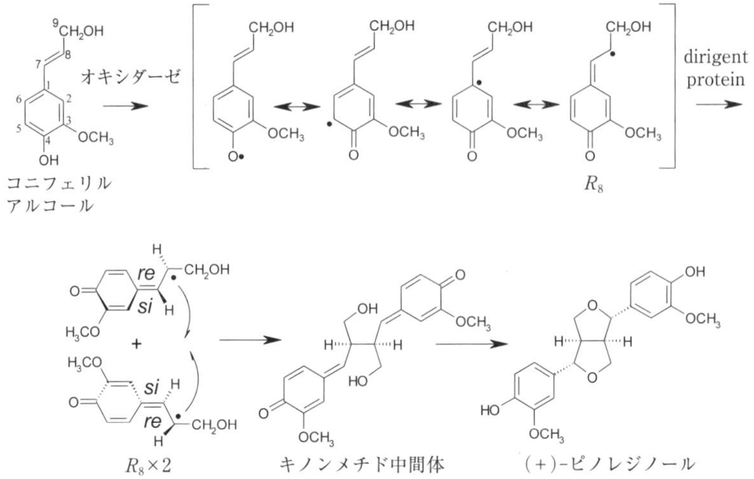

図 3.3 コニフェリルアルコールから（+）-ピノレジノールの立体選択的二量化

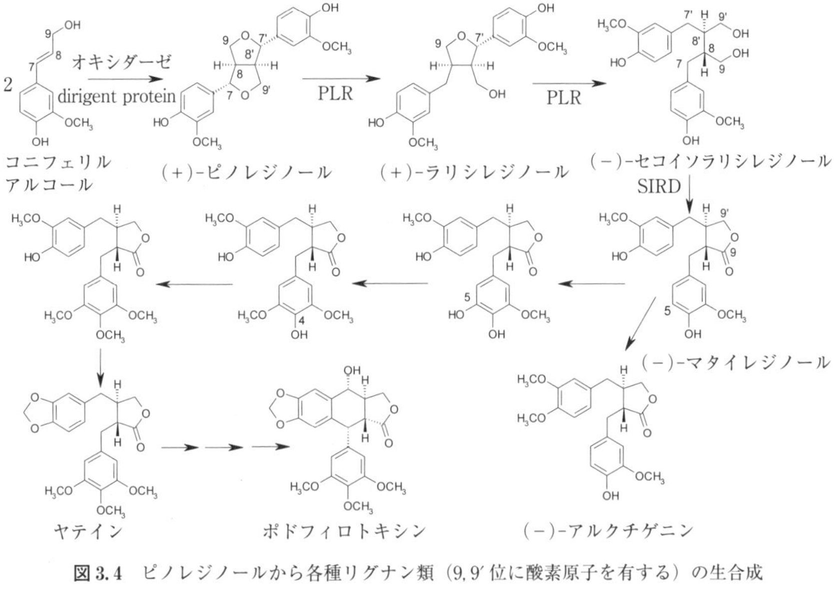

図 3.4 ピノレジノールから各種リグナン類（9,9′位に酸素原子を有する）の生合成

面同士で向き合って配列し，カップリングして 8-8′ 結合が生じて二量体のキノンメチド中間体となる．さらに，この 7 と 7′ 位に，9′ と 9 位のアルコールがそれぞれ付加して 2 つのフラン環が形成され，同時に 2 つのキノンメチド部分が芳

香環に戻って (+)-ピノレジノール [フロフラン型] となる.

図3.4のように,(+)-ピノレジノールの7と7′位の2つのベンジルエーテルが2段階でピノレジノール/ラリシレジノールレダクターゼ (PLR) と NADPH によって還元されて,まず (+)-ラリシレジノール [テトラヒドロフラン型] となり,次いで (−)-セコイソラリシレジノール [ジベンジルブタン型] となる.この PLR は両基質を還元する二元機能性である.次にセコイソラリシレジノールの一方のアルコール部分 (9位) がセコイソラリシレジノールデヒドロゲナーゼ (SIRD) によって脱水素されてカルボン酸になり,これと同時に分子内の9′位アルコールと脱水縮合してラクトンになり (−)-マタイレジノール [ジベンジルブチロラクトン型] を与える.反対のエナンチオマーの (−)-ピノレジノールからの変換反応も見出されている.以上の経路によって [ ] 内に記述した多様な骨格をもつリグナンが生成する.また,それぞれの段階は基質特異的・立体選択的に進行する.以上の経路から芳香環への置換基の導入や置換基の反応が派生して起こり,他の多くのリグナン類(アルクチゲニン,針葉樹中のシリンギルリ

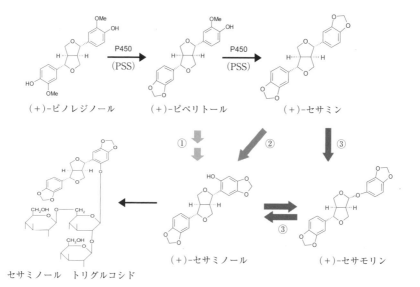

図3.5 主要なゴマリグナン類の生合成

グナン（3′,4′,5′-置換），ポドフィロトキシン［テトラヒドロナフタレン型］など）の生合成が説明できる．

c. ゴマリグナン類の生合成 （図3.5）

ゴマの（＋）-セサミンは，上記のように生じた（＋）-ピノレジノールが，2段階でピペリトール/セサミン合成酵素（（＋）-piperitol/（＋）-sesamin synthase：PSS）（遺伝子CYP81Q1がコード）によってメチレンジオキシフェニル化されて，（＋）-ピペリトールを経て生じる．グアイアシル基(4-ヒドロキシ-3-メトキシフェニル基）の3位のメトキシル基（メチルエーテル）が，モノオキシゲナーゼのシトクロームP450によって水酸化されるとヘミアセタールとなる．これと分子内の4位のフェノールは容易に反応して5員環のアセタールを形成する．これがメ

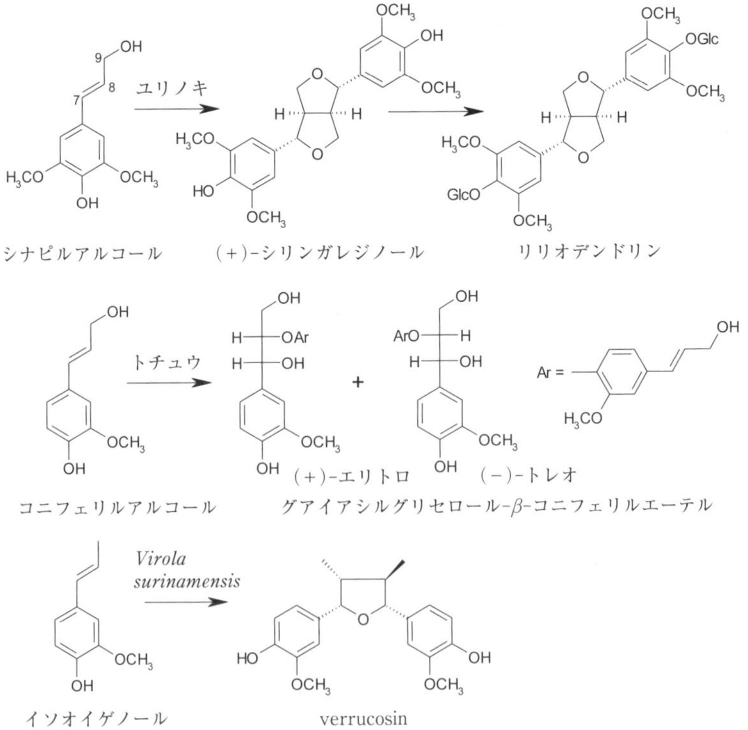

図3.6 シリンギルリグナン，ネオリグナンおよび9,9′-デオキシリグナン（9,9′位に酸素原子を有しない）の生合成

チレンジオキシフェニル構造である．

　(+)-セサミノールの生合成は，①(+)-ピペリトールの6-ヒドロキシル化とそれに続く3,4-メチレンジオキシ化；②(+)-セサミンの直接の6-ヒドロキシル化；③(+)-セサモリンから(+)-セサミノールへの酵素的変換（酸性化による化学的変換が可能なことの類推）の3種の反応が推定される．ただし，(+)-セサモリンの生合成は不明である．主要なゴマリグナン配糖体であるセサミノール2-O-トリグルコシドの生成については，(+)-セサミノールが2段階でUDP-グルコースとグルコシルトランスフェラーゼ UGT71A9 および同 UGT94D1 によって反応して2-O-ジグルコシド（2-O-β-D-グルコシル（1→6）O-β-グルコシド）になることまでがわかった．

d. シリンギルリグナン，ネオリグナン，9,9′-デオキシリグナンの生合成（図3.6）

　代表的なシリンギルリグナンであるユリノキのリリオデンドリンと(+)-シリンガレジノールは，シナピルアルコールの立体選択的二量化によって後者が生じ，次いでそのジグルコシル化で前者が生じると推定される．トチュウ茎の粗酵素によってコニフェリルアルコールから光学活性な8-O-4′型ネオリグナンである(+)-エリトロおよび(−)-トレオ-グアイアシルグリセロール-β-コニフェリルエーテルが生じる．*Virola surinamensis* の9,9′-デオキシリグナンの verrucosin はオイゲノールから生成する．　　　　　　　　　　　　　　　　〔片山健至〕

文　献

1) 福島和彦他編（2011）．木質の形成，バイオマス科学への招待（第2版），海青社．
2) 川原夏美他（2011）．*Sesame Newsletter*, **25**, 16-17.
3) Lewis, N. G., Sarkanen, S. (1996). Lignin and Lignan Biosynthesis (ACS Symposium Series 697), American Chemical Society.
4) 日本木材学会編（2010）．木質の化学，文永堂出版．
5) Noguchi, A. *et al.* (2008). *Plant. J.*, **54**, 415-427.
6) Ono, E. *et al.* (2006). *Proc. Natl. Acad. Sci. USA*, **103**, 10116-10121.
7) Petersen, M. ed. (2003). *Phytochemistry Reviews*, **2**(3), 199-420.

3.3 ゴマのおいしさの科学

3.3.1 ゴマのおいしさに関与する要因

食べ物のおいしさは，私たちの五感，すなわち味覚，嗅覚，触覚，視覚，聴覚によって総合的に判断される感覚であり，なかでも，味，におい，テクスチャーは，私たちが食べ物をおいしいと感じるための重要な要因である．味とは，食べ物を口に入れたときに，食べ物に含まれる呈味成分が舌の上の味細胞に触れることによって感じる化学的感覚であり，甘味，酸味，塩味，苦味，旨味の五基本味に加え，舌の上における物理的刺激でもある辛味や渋味，さらに雑味，コクなどと呼ばれるその他の味がある．

においも，食べ物から発する揮発性成分が鼻の中の嗅細胞に触れることによって感じる化学的感覚である．食べ物から発せられる揮発性成分を表す日本語には，人にとって心地よい感覚を連想させる「香り」や「香気」と，好ましくない感覚の「臭み」や「臭気」があるが，ここではこれらを合わせて「におい」と表現する．また，におい成分は鼻から入ってくるだけではなく，私たちが食べ物を口の中に入れたとき，におい成分が口から鼻に抜けることによっても，その食べ物のにおいを感じている．

テクスチャーとは，狭義には，食べ物を口に入れたときに感じる舌ざわり，歯ごたえ，のどごしなど，主として食べ物に含まれる成分の存在状態に起因した触覚にかかわる物理的感覚をいうが，広義には，食べ物の色や形，食べ物を調理しているときや食べ物を噛んだり，すするときに発せられる音など，視覚，聴覚を含めた，食べ物から与えられる物理的感覚全体を表す表現として用いられる．食べ物のおいしさは，これら，味，におい，テクスチャーの3要素が複雑に絡み合って形作られているのである．

ゴマのおいしさについても同様のことがいえるが，わが国においてはゴマを生で食することはほとんどなく，加熱処理（焙煎）した後，粒状のまま食する「炒りゴマ」，炒ったゴマをすって食する「すりゴマ」や「ねりゴマ」，さらに焙煎したゴマから搾油した「ゴマ油」として利用している．したがって，ゴマのおいしさとは，ゴマを加熱処理したときに生成される味，におい，テクスチャーなどの

要因から形成されているといえる．これらゴマの加熱加工・調理に伴う成分変化や調理特性などについては，本書の「5.2 ゴマの調理加工」および「6. ゴマ油の特性と食品・調理加工」の項に詳細な記述がされているのでそちらをご覧いただくとして，ここでは，主として加熱処理されたゴマの味，におい，テクスチャーの観点から，ゴマのおいしさについて述べる．

3.3.2 ゴマの味

　ゴマに含まれる主たる呈味成分は，遊離アミノ酸と遊離糖である．武田らは，ゴマ種子を3段階（170, 200, 230℃）の温度で加熱し，ゴマに含まれる遊離アミノ酸[2]および遊離糖[3]の加熱に伴う量的変化を調べるとともに，色，外観，香り，味，総合評価に関する官能評価[2]を行った．それによると，未加熱のゴマ種子には，旨味と酸味を呈するグルタミン酸，アスパラギン酸，甘味を呈するアラニンが多く，次いで苦味を呈するフェニルアラニン，リジン，チロシン，甘味を呈するグリシン，スレオニンなどが含まれていた[2]．同じく未加熱のゴマ種子には，三糖類のプランテオースが最も多く，次いでスクロース，スタキオース，フルクトース，グルコースが含まれており[3]，これらの遊離糖はいずれもゴマの甘味に関与していると考えられる．

　ゴマ種子の加熱に伴い，遊離アミノ酸と，スタキオース以外の遊離糖は，加熱時間が長いほど，また加熱温度が高いほどその分解が進んだが[2,3]，味に関する官能評価結果によると，遊離アミノ酸や遊離糖の減少が比較的少ない加熱条件では，総合評価と味の評価が高く，遊離アミノ酸や遊離糖の減少が進むにつれて，総合評価と味の評価が低くなった[2]．このことは，ゴマに含まれる遊離アミノ酸や遊離糖が呈する甘味，旨味，酸味，苦味が，ゴマのおいしさ，特に味に関する部分に寄与していることを示唆している．

　一方，白ゴマおよび黒ゴマを「ねりゴマ」状態にし，味認識装置（Insent社製）を用いて味強度を測定したところ，旨味，旨味コク（持続性のある旨味），苦味雑味（苦味物質由来の味で，低濃度ではコク，雑味などを呈する），甘味の強度が大きく，なかでも甘味の強度が最も大きかった[1]．このことは，上記の加熱に伴う遊離アミノ酸・遊離糖量と官能評価の結果からの示唆を支持している．

3.3.3 ゴマのにおい

ゴマのにおいについては，本書「5.2.1 ゴマの加熱香気成分」および「5.2.4 炒り・すりゴマとゴマペーストの調理科学」の項に詳しく述べられているように，これまでに400以上のにおい成分が見出されている．これら多くのにおい成分のなかで，単独で「炒りゴマ」のにおいを呈するものは見出されていないが，含硫化合物に由来するところが大きいとされている[7]．また，これらの加熱により生成されるにおい成分は，ゴマに含まれる遊離アミノ酸，遊離糖それぞれの加熱による分解反応によって生成されたり，種々の遊離アミノ酸と遊離糖の組み合わせによるアミノカルボニル反応により生成されるため，加熱温度や加熱時間の違いによって，生成されるにおい成分の種類やそれらの生成割合が異なってくる．

武田らによる，ゴマ加熱に伴う遊離アミノ酸・遊離糖量の変化と官能評価の報告[2]にも見られるように，加熱温度が高くなるほど，また加熱時間が長くなるほど，遊離アミノ酸・遊離糖量が減少し，それに伴い，ゴマのにおいを構成する多くの揮発性成分が生成され，においの好ましさへの評価が高まる．しかし，加熱が強くなりすぎると焦げ臭が強まり，その結果，においの評価は低下する[2]．このように，特定の加熱条件下において，多くのにおい成分が特定の割合で生成され，それらが複雑に交じり合ったときにはじめて最も好ましいにおい，言い換えると，においにかかわるおいしさが作られるといえる．

3.3.4 ゴマのテクスチャー

ゴマは加熱処理（炒り）の後，「炒りゴマ」として粒状のまま食する場合もあるが，多くは「炒りゴマ」をすり鉢ですった「すりゴマ」や，さらに磨砕してペースト状にした「ねりゴマ（ゴマペースト）」として利用される．

「炒りゴマ」のテクスチャーに関して，Takedaらは，ゴマ種子を種々の条件で加熱（焙煎）したときの外観，微細構造，テクスチャーの違いを官能検査によって比較し，好ましい焙煎条件を見出している[3]．その一部は本書「5.2.4 炒り・すりゴマとゴマペーストの調理科学」の項に示されているが，特定の条件下で焙煎したゴマは，よく膨らみ，色合いもよく，テクスチャーに関する官能評価結果も良好であった．また，炒りゴマをつぶす際にかかる力を機器によって測定した値と，官能評価による粒のもろさや破断する感触との間には，統計的に有意な相

関が認められた[3].

「すりゴマ」「ねりゴマ（ゴマペースト）」のテクスチャーに関しては，武田らによる一連の報告[4-6]があり，その一部は本書「5.2.4 炒り・すりゴマとゴマペーストの調理科学」の項に示されている．すなわち，「すりゴマ」のすり（磨砕）時間を変えて，テクスチャーを客観的に測定できる数値の一つである，摩擦係数の平均偏差（MMD），流動特性，硬さ，付着性などがどのように変化するかを調べるとともに，同試料の油っこさ，ざらつきの強さ，ねばねばさ，総合的好ましさなどの官能評価を行った．その結果，ざらつきとMMD，ねばねばさと付着度など，官能評価結果と客観的測定値との間にいくつかの対応性が認められた[4].

以上のような研究結果は，「炒りゴマ」「すりゴマ」「ねりゴマ（ゴマペースト）」のテクスチャーは，各種機器による測定により，ある程度は客観的に評価できることを示しており，最も好ましいゴマのテクスチャーを数値化して表すことの可能性を示唆している．

〔次田隆志・山野善正〕

文　献

1) 一般社団法人おいしさの科学研究所未発表データ (2006).
2) 武田珠美・福田靖子 (1997). 日本家政学会誌, **48**, 137-143.
3) Takeda, T. et al. (2000). *J. Home Econ. Jpn.*, **51**, 1115-1125.
4) 武田珠美他 (2001). 日本家政学会誌, **52**, 23-31.
5) 武田珠美他 (2002). 日食科工誌, **49**, 468-475.
6) 武田珠美他 (2005). 日本調理科学会誌, **38**, 226-230.
7) 竹井よう子 (1998). ゴマ　その科学と機能性（並木満夫編），pp. 124-131, 丸善プラネット．

4 ゴマの栄養と健康の科学

❧ 4.1 ゴマの栄養機能 ❧

4.1.1 栄養機能について

「3.1 ゴマの食品成分」の項で説明されているように，ゴマは各種の栄養素に富み，古来，代表的な健康食品として広く重宝されてきたが，その科学的根拠は最近まで不明のままであった．近年，酸化安定性が高く独特の風味が賞味されてきたゴマ油のなかにその秘密が隠されていることが知られてきて，ゴマリグナン成分の多様な健康効果が科学的に解明されている[2,5]．ゴマの栄養成分では，脂質含有量が乾物あたり50％以上にも及び，リノール酸とオレイン酸で総脂肪酸の85％程度を占めているが，日本人の食事摂取基準では，飽和脂肪酸：一価不飽和脂肪酸：二価不飽和脂肪酸の摂取比が3：4：3である．飽和脂肪酸は他の加工食品などから十分摂取できること，一価不飽和脂肪酸（オレイン酸）対多価不飽和脂肪酸（リノール酸）比が1：1に近似しているので，ゴマやゴマ油を日常的に摂取することは問題ない．

次に多い成分のゴマのタンパク質（乾物あたり20％程度含有）については，ペプチドとしての健康効果が明らかにされる一方，アレルゲン性も問題となっている．

しかし，ゴマの特徴は，栄養成分よりも，健康を増進させ，老化防止にかかわる成分として注目されているゴマリグナン類（約1％）の存在である．ゴマリグナン類は10種ほどの化合物から成っているが，主なリグナンは，脂溶性のセサミン，セサモリン，セサミノールであり，リグナン類の約80％を占める．これらリグナン類は，単離が比較的容易だったことから，実験動物を用いた基礎研究

が進展した．その結果，抗酸化作用や生理機能，他の機能性成分との協同（相乗）効果など，次々に確認され，安全で多様な機能性を有する成分として科学的実証が進み，種々の生活習慣病の予防や改善効果が期待されている[2,5]．他の植物起源のリグナンの作用が限定的であるのに対し，多様な生理機能を発現するゴマリグナンはまさに貴重な健康成分といえる．

4.1.2 ゴマペプチド

近年，種々の食品タンパク質を特定のプロテアーゼで処理して調製されるペプチドの生理機能について広範な研究が展開されており，なかでも血圧低下作用を有する種々の食品由来のペプチドがすでに特定保健用食品として認可されている．これらの降圧ペプチドは，主として ACE（angiotensin converting enzyme）阻害作用を介して効果を発現するが，医薬品として汎用されている ACE 阻害薬で見られる空咳などの副作用が少ない．

ゴマのタンパク質を食品用タンパク質分解酵素サーモライシンで処理し調製されたゴマペプチドは降圧作用を示す．関与する成分として6種のトリペプチドと1種のペンタペプチドが同定されているが，ゴマに特徴的な3種のペプチドのうち，Leu-Val-Tyr の ACE 阻害活性が最も高い[4]．トクホとして許可されている「茶飲料」では，ペプチドとして 500 mg 程度（Leu-Val-Tyr として 0.16 mg）が含まれていて，軽症高血圧者に対し適度に緩慢な血圧降下作用を示し，収縮期血圧 14 mmHg，拡張期血圧 8 mmHg 程度の低下効果を発揮するようである．特に問題となるような副作用は認められていない[3]．

4.1.3 ゴマアレルギー

ゴマアレルギーは，ゴマやゴマ油を摂取して発症する食物アレルギーの一つで，アナフラキシーを起こしやすいといわれている．乳幼児や小児で多く見られるが，加齢に伴う自然治癒（寛解）の程度が低いことから，今後の発症増加が懸念されている．ゴマアレルギーでは共通抗原をもつ食品と交差反応性を示すので，注意が必要である．ゴマは炒りゴマより，すって種皮を壊すとアレルギーが発症しやすいようである．純正ゴマ油は，その独特の風味を生かすため一般の食用植物油と比べ精製度が低く（静置・ろ過），微量のアレルゲンタンパク質の残存により

アレルギー反応を引き起こすリスクがある．しかし，一般の食用植物油と同様な工程で調製される精製ゴマ油は安全とみなされる[6]．

わが国のアレルギー物質の表示制度では，義務表示（7品目）と推奨表示（18品目）があり，これまでゴマはいずれにも含まれていなかった．しかし，消費者庁はアレルギーを引き起こす食品について最近のアレルギー症例約3,000件を調査したところ，ゴマにかかわるものが12件，カシューナッツで18件認められ，アナフィラキシーショックを起こしたケースもあったことから，2013年8月新たに両食品をアレルギー表示推奨品目に加えることが決定された．今後1年以内にできるだけ表示するように指導が行われる．なお，2008年の時点で，ILSI，EU，カナダ，オーストラリア・ニュージーランドではゴマは表示対象品目とされている[1]．

〔菅野道廣〕

文　献

1) 厚生労働省．アレルギー物質を含む加工食品の表示ハンドブック，2010年3月改訂版参照．
2) 木曽良信（2007）．ゴマリグナン，食品機能性素材の開発II（太田明一監修），pp.235-236，シーエムシー出版．
3) 森口盛雄他（2006）．健康・栄養食品研究，9, 1-14．
4) Nakano, D. *et al.* (2006). *Biosci. Biotechnol. Biochem.*, **79**, 1118-1126.
5) 並木満夫編（1998）．ゴマ　その科学と機能性，丸善プラネット．
6) 菅野道廣（2006）．栄食誌，**59**, 313-321．

◀ 4.2　ゴマリグナン類の機能研究の最近の話題 ▶

4.2.1　ゴマリグナンの酸化ストレス制御作用

a.　ゴマリグナンの生体内代謝

ゴマ種子中の主要なリグナン類はセサミン（SMI），セサモリン（SMO）およびセサミノール配糖体（STG）である（図4.1）．いずれもゴマ種子中に高含量に存在する「リグナン」であるが，どれもゴマ種子中では抗酸化活性をもっていない．しかし，SMIについては動物レベルやヒトに対する栄養学的な分野での生理機能が注目され[6]，本書でも，SMIのもつさまざまな機能性が紹介されているが，最初に注目されたのは，ラット肝ホモジネートを用いた実験系で，抗酸化性をもたないSMIが肝臓内の薬物代謝系においてSMIのメチレンジオキシ基が

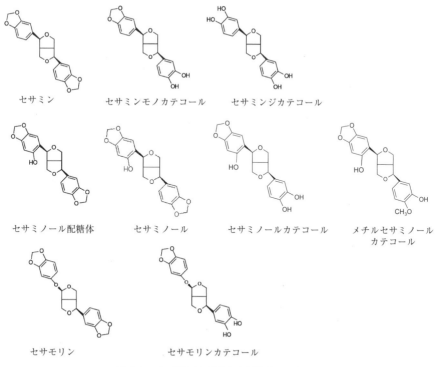

図 4.1　ゴマ種子中に存在する主要ゴマリグナン

開裂し，カテコール構造をもつセサミンモノカテコール（SMIC）およびセサミンジカテコール（SMID）といった抗酸化性代謝物に変換されるというメカニズムであった[13]．さらに，SMIとともにゴマ種子中の主要な脂溶性リグナンとしてSMOが知られている（図4.1）．SMOは，太白ゴマ油の製造プロセス中に強力な抗酸化性脂溶性リグナンであるセサミノール（SML）に変換されることが明らかとなって，SML生成の前駆体としての注目は集めたものの，今までにSMOについての生体内の生理作用についてはまったく研究が行われていなかった．われわれは，ラットを用いて生体内代謝の検討を行ったところ，摂取されたSMOの約25%は生体内で吸収され，各組織に分布することが明らかになった[4]．さらに，最近に至り，われわれは，セサモリンカテコール（SMOC）を主なSMO代謝物としてラットの生体内から検出した[5]．

一方,SML については,大量にゴマサラダ油製造工程の副産物から効率的に回収することができるようになり,その結果,ウサギ赤血球膜やラット肝ミクロソームを用いた試験管レベルの実験系やヒトの培養細胞を用いた系でも脂質過酸化の誘導剤を加えて生じた過酸化障害に対して SML の有効性が確認された.特に注目されたのは,悪玉コレステロールと呼ばれている LDL (低密度リポタンパク質) の酸化傷害を強力に抑制し,高脂血症の治療薬として市販されているプロブコールよりもはるかに強力な抑制効果が見出された[2].その機構解明についても,研究を進めた結果,SML は,脂質過酸化の結果生じたアルデヒド類,特に,4-ヒドロキシノネナール (4-HNE) マロンジアルデヒド (MDA) によるタンパク質修飾物の生成を抑制することを免疫化学的な手法で明らかにした[5].

　しかしながら,ゴマ種子中に大量に存在するのは水溶性の STG である.この STG はそれ自身抗酸化性はもたないものの,食品成分として摂取したのち,特に,腸内細菌のもつ β-グルコシダーゼの作用でアグリコンである SML に加水分解を受けてから腸管から吸収され,血液を経て各種臓器中に至り,生体膜などの酸化的障害を防御するということも重要ではないかと考えられた.実際に,ゴマ脱脂粕を高コレステロール血症モデル動物である WHHL ラビットに投与したところ,粥状動脈硬化を有効に抑制することが明らかとなった[3].しかしながら,STG は,血液中には存在しておらず,生体内代謝物が機能性を発現していると推定された.そこで,われわれの研究グループは,ラット肝ミクロソームを用いて SML の代謝物の検討を行ったところ,SML のメチレンジオキシフェニル基の一方が開裂し,カテコール構造を有するセサミノールカテコール (SMLC) の存在を明らかにすることができた (図 4.1)[12].以上の結果により,ゴマ種子中の主要なリグナンである SMI,SMO および STG に関しては,いずれもカテコール体が主要な代謝物であることが明らかとなった.

b. 発酵によるリグナンカテコールの生産

　微生物は古来より醸造や発酵食品といった食品加工に広く利用されており,わが国では,特に麹菌 (*Aspergillus* 属) を利用したものが多く知られている.麹菌はさまざまな酵素を生産し,その多彩な作用により,原料には見られない甘味や風味成分が付与されたり,栄養価が増大したりすることが知られている.三宅らとの共同研究から,ゴマ脱脂粕に種々の麹菌を作用させたところ,黒麹

(*Aspergillus saitoi*) とともに白麹菌（*Aspergillus usami mut. shirousamii*）でカテコール体に変換されることが明らかとなった[11]．たとえば，SMI の場合は発酵により SMIC および SMID が生成し，STG の場合は SMLC が生成した．これらのカテコール体は，生体内代謝で生成した代謝物であり，ゴマという機能性食品を発酵することによって新たな物質へ変換されるという結果は，新たな機能性食品開発への大きな原動力となりうる．微生物は古来より醸造や発酵食品といった食品加工に広く利用されており，わが国では，特に麹菌（*Aspergillus* 属）を利用したものが多く知られている．麹菌はさまざまな酵素を生産し，その多彩な作用により，原料には見られない甘味や風味成分が付与されたり，栄養価が増大したりすることが知られている．

c. リグナンカテコールの酸化ストレス予防作用

そこで，これらゴマリグナンの代謝物がどのような生理活性を有しているかについて興味がもたれるところである．そこでまず，ゴマリグナン類とそれらの代謝物の抗酸化活性について評価を行うこととした．現在まで，さまざまな種類の抗酸化評価法が開発されてきた．筆者（大澤）が理事長となって，抗酸化評価法の公定法を確立することを目的として，AOU 研究会が立ち上げられている．詳細は，ホームページ（http://www.antioxidant-unit.com/index.htm）を見ていただきたいが，ポリフェノール類の抗酸化評価法として認識度の高い ORAC 法を用いて，ゴマリグナン類の抗酸化活性の比較を行った．ORAC 法は，アメリカ農務省（USDA）のグループにより開発された抗酸化評価法で，一定の活性酸素種（ROO-，HO-，$^1O_2$，ONOO-）を発生させることにより抗酸化活性を評価す

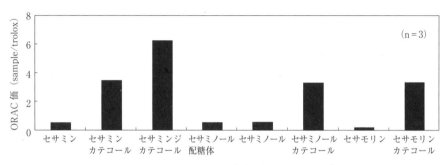

図 4.2 ゴマリグナンによる抗酸化活性（ORAC 法）[7]

るため，ゴマリグナンのようなポリフェノール類の抗酸化評価法には適していると考えられている．この ORAC 法により評価を行った結果，DPPH ラジカル捕捉活性の結果とほぼ同様に，SMI, SMO, STG に関しては，ほとんど抗酸化活性を示さないのに対し，これらの代謝物である SMIC, ESMIC, SMIDC, SMOC, SML, SMLC には抗酸化活性を有していることが示された．また，抗酸化活性は，SMOC, SMLC＜SMIC＜SMIDC の順であり，次項で紹介するように，代表的なラジカル消去活性測定法である DPPH 法では効果が確認されたが，ORAC 法による評価では，SML には抗酸化活性が見出されなかった（図 4.2）[7]．今後，リグナンカテコールという新しいタイプの機能性フードファクターの広範な応用，開発の可能性が考えられる[4]．

d. 脳内老化制御とリグナン類縁体

超高齢化社会の到来により，アルツハイマー病やレビー小体型認知症などといった脳内神経変性疾患の発症が社会問題となってきている．このような脳内神経変性疾患の発症を予防することは，老化制御の基礎研究だけでなく，社会的にも大きく期待されている．特に，認知症の進行や予兆などが評価できるような生体指標（バイオマーカー）の開発が重要な課題とされてきている．たとえば，認知症に密接に関連したバイオマーカーとしては，アルツハイマー病の場合にはアミロイドβタンパク質の変性が重要視され，発症の原因として酸化ストレスとの関連が示唆されており，ミトコンドリアにより生じる酸化ストレスマーカーも重要視されている．このような老化制御に関連したバイオマーカーを評価系として用いた多種多様な食品や素材の開発が進められてきており，最近，ゴマリグナンに関連した研究例が報告されている．

最初の報告は，脳内のグリア細胞中で起こる過剰な炎症反応，特に，NO 産生と神経細胞のアポトーシスを SMI, SMO が有効に抑制し，認知症の予防効果が期待できる，という報告であった[1]．さらに，2005 年には，アルツハイマー病の発症に大きく関連していると考えられる Aβ タンパク質により脳内神経細胞で誘発された酸化ストレスを STG が有効に抑制したという内容の報告が発表された[8]．しかしながら，SMI, SMO, STG のいずれも生体内では代謝され，脳内には存在しないと考えられるので，これらの報告は再考の余地がある．

一方，神経変性疾患の代表であるパーキンソン病の発症の原因としてあげられ

るのが，ドーパミンの酸化修飾である．最近，われわれの研究グループは，脳内に大量に存在するドコサヘキサエン酸（DHA），エイコサペンタエン酸（EPA）は，過剰な炎症反応の結果引き起こされた酸化ストレスを受けやすく，その結果生じた酸化修飾ドーパミンは，神経細胞の細胞死を誘導することでパーキンソン病の発症の原因になりうるのではないか，ということを明らかにしている[9]．そこで，われわれは，このようなドーパミンの酸化修飾を抑制するような食品成分が存在するのではないかと期待して，抗酸化食品因子を対象にスクリーニングを行ったところ，ゴマリグナン，特に，SML，なかでも，SMLCが最も強い活性を有することが明らかとなった．すなわち，脳内に到達したゴマリグナン類は，ドーパミンの酸化修飾物の生成を抑制することで，パーキンソン病の発症を予防するのではないかという，新しい機能も見出された，というわけである[10]．現時点では，in vitro系での結果であるので，今後，動物モデル，ヒト臨床系での評価を進める必要があると考えている．

〔大澤俊彦・望月美佳〕

文献

1) Hou, R. C. et al. (2003). *Neuroreport*, **14**, 1815-1819.
2) Kang, M. H. et al. (1998). *Lipids*, **33**, 1031-1036.
3) Kang, M. H. et al. (1999). *J. Nutr.*, **129**, 1885-1890.
4) Kang, M. H. et al. (1999). *J. Nutr.*, **128**(6), 1018-1022.
5) Kang, M. H. et al. (2000). *Life Sciences*, **66**, 161-171.
6) 木曽良信 (2001). ゴマリグナン．食品機能素材の開発 II（太田明一監修），pp. 235-236, シーエムシー出版.
7) 倉重ゆかり他 (2006). ゴマリグナン類の生体内代謝に関する研究．第11回JSoFF (Japanese Society for Food Factors) 学術集会（犬山）．
8) Lee, S. Y. et al. (2005). *Neurosci. Res.*, **52**, 330-341.
9) Liu, X. B. et al. (2008). *J. Biol. Chem.*, **283**(50), 34887-34895.
10) Liu, X. et al. (2009). Lipidomics Vol. 2 : Methods and Protocols（Armstrong, D. ed.）, in *Methods Mol Biol.*, **580**, 143-152, Humana Press.
11) Miyake, Y. et al. (2005). *J. Agric. Food Chem.*, **53**(1), 22-27.
12) Mochizuki, M. et al. (2009). *J. Agric. Food Chem.*, **57**(11), 10429-10434.
13) Nakai, M. et al. (2003). *J. Agric. Food Chem.*, **51**(6), 1666-1670.
14) 大澤俊彦・井上宏生 (1999). 胡麻の謎, 双葉社.
15) 特願 2006-312146 審査請求 (2012.8.8)

4.2.2　ゴマリグナンの血管内皮細胞への効果

筆者らの研究室ではこれまで，セサミノール配糖体（STG）に着目し実験を行っ

てきた．STG はそれ自体は抗酸化性を有していないが，経口摂取された後，腸内細菌の β-グルコシダーゼの作用によって加水分解を受け，セサミノール（SML）の形で腸管より吸収され血中に存在することが明らかとなっている[3]．また，このとき STG 体は血中から検出されなかったと報告されている．さらに，Kang らは動脈硬化モデル動物（高コレステロール血症モデル WHHL ラビット）を用いた実験において，ゴマ脱脂粕を投与したウサギの動脈硬化病巣形成を有意に抑制することを報告した[2]．そこで，筆者らは動脈硬化病巣形成の抑制はゴマ脱脂粕中に含まれる STG 代謝物によるものと考え，生体内代謝のモデル反応としてラットの肝臓のミクロソーム画分である S9 を用いて SML の代謝物について検討した．その結果，SML のメチレンジオキシフェニル基の一方が開裂し，カテコール構造を有するセサミノールカテコール（SMLC）を同定した．さらに，メチル化酵素を用いて反応させたところ，カテコール構造の一方のヒドロキシル基がメチル化されたメチルセサミノールカテコール（MeSMLC）を同定した（図4.1, p.73）[5]．これらの代謝物は STG を経口投与したラットの肝臓においても存在することが明らかとなっている．また，いずれの代謝物もヒドロキシル基を有することから SML アグリコンと比較して，抗酸化性が高いことも報告されている（図4.3）[5]．そこで，SML 代謝物が動脈硬化症へどのような影響を与えるかを検討することとした．動脈硬化症は，酸化 LDL や TNF-α といった炎症性サイトカインにより血管内皮細胞が刺激され，接着分子（ICAM-1, VCAM-1, E-selectin など）が発現し，単球が接着・浸潤し，内皮下へ遊走する．内皮下では，単球は酸化 LDL を貪食し，マクロファージさらには泡沫化細胞へと変化し

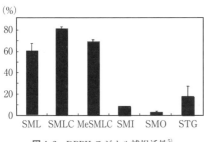

図 4.3 DPPH ラジカル捕捉活性[5]

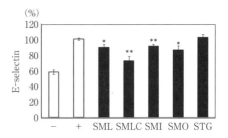

図 4.4 TNF-α 刺激による HUVECs における接着分子発現抑制試験[6]

て脂質の沈着を生じる．その他にも血管平滑筋細胞の増殖などを引き起こし動脈硬化症の進展をもたらす．そこで，筆者らは動脈硬化症の初期病変である接着分子に着目し，実験を行った．動脈硬化モデル細胞として，ヒト臍帯静脈内皮細胞（HUVECs）を用いてCell-ELISA法により実験を行った．その結果，SMLCはSMLアグリコンよりも高い抑制作用を示した（図4.4）[6]．セサミノール代謝物は，SMLC＞MeSMLC＞SMLの順に抑制効果が見られた．近年，カルコン構造を有するフラボノイドのイソラムネチンが，2′-ヒドロキシカルコンよりも低濃度で接着分子を抑制すると報告されている[4]．また，フラボノイドのB環の3′-あるいは4′-位のO-ジヒドロキシフェノール構造がラジカル捕捉活性や脂質過酸化抑制のような抗酸化活性を有するために必要であるという報告もされている[1,5,7]．SMLは1つのヒドロキシル基を有しているが，SMLCよりも接着分子抑制効果が低かった．また，カテコール構造の一方のヒドロキシル基がメチル化したMeSMLCもSMLCほどの抑制効果は見られなかった．これらのことから，接着分子の発現抑制にはO-メチレンジオキシフェニル基が重要な役割を果たしていると考えられる．次に，SMLCのRT-PCRによる接着分子の発現への影響を検討した．図4.5より，SMLCは濃度依存的に接着分子の発現を抑制した．このことから，SMLCはメッセンジャーレベルでの発現も抑制していることが示唆された．

このように，STGの代謝物，特にSMLCは動脈硬化症の初期病変である接着分子の発現に効果が確認された．また，SMLの接着分子発現抑制効果は低いものの，酸化LDLの抑制効果が報告[1]されている．いずれも*in vitro*実験であるた

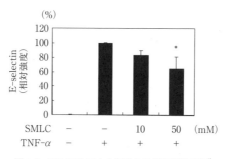

図4.5 RT-PCRによる接着分子発現抑制試験[6]

め，*in vivo* による検討が必要とされるが，これらの結果から，STG 代謝物は動脈硬化症の初期病変において，SML は酸化 LDL に，SMLC は接着分子の発現にそれぞれ作用を示す可能性が示唆され，動脈硬化症の予防という観点からその働きがおおいに期待される．　　　　　　　　　　　　　　　〔望月美佳・大澤俊彦〕

文献

1) Kang, M. H. *et al.* (1998). *Lipids*, **33**(10), 1031-1036.
2) Kang, M. H. *et al.* (1999). *J. Nutr.*, **129**(10), 1885-1890.
3) Kobayashi, S. *et al.* (1999). *J. Nutr.*, **129**(10), 1885-1890.
4) Kumar, S. *et al.* (2007). *Biochem. Pharmacol.*, **73**(10), 1602-1612.
5) Mochizuki, M. *et al.* (2009). *J. Agric. Food Chem.*, **57**(21), 10429-10434.
6) Mochizuki, M. *et al.* (2010). *Biosci. Biotechnol. Biochem.*, **74**(8), 1539-1544.
7) Nakano, D. *et al.* (2003). *Biol. Pharm. Bull.*, **26**(12), 1701-1705.

4.2.3　ゴマリグナンによる白血病細胞（がん細胞）の増殖抑制

ゴマリグナンは白血病細胞に対して増殖抑制能をもつことが明らかとなった．その活性は，立体的な違いを含む化学構造によって差異が出ることも併せてわかってきた．以下にこの詳細について述べる．

ゴマリグナンは基本的にはベンゼン環上にメチレンジオキシ骨格とフロフラン骨格ももつ化合物である．リグナンではないが，ゴマの成分としてはセサモールがある．セサモールはフロフラン骨格をもたないが，ベンゼン環上にメチレンジオキシ骨格をもつフェノール性の化合物である．この化合物とゴマリグナンであるセサミノールについて白血病細胞増殖抑制能について比較した結果，セサモールにも増殖抑性能はあるものの，類似した部分構造をもつセサミノールには及ばなかった．このことはリグナン骨格が活性を強めるのでないかと推測された[1,3]（図 4.6）．

また，リグナンの立体構造による活性への影響について，セサミンで検討をした．天然にはセサミンのみが存在しているが，工業製品中にはエピセサミンも多く含まれている．ゴマサラダ油の製品などにはセサミンとエピセサミン両方含まれているが，これらを区別して細胞増殖抑制能を測定した．その結果，セサミンのほうが抑制能は強いことが判明した．平面の化学構造式では，セサミンとエピセサミンは同一である．しかし，立体的に見た状態を簡単に表すセサミンが平面

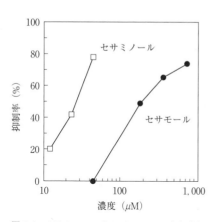

図 4.6 セサミノールとセサモールの白血病細胞増殖に対する効果

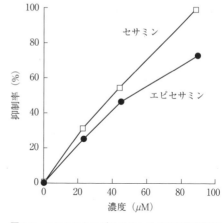

図 4.7 セサミンとエピセサミンの白血病細胞増殖に対する効果

と仮定すると，エピセサミンはどちらかの端からの 1/4 ほどが平面から少し上あるいは下に 60°くらい折れ曲がった違いくらいである．これで活性の差が出ていた．これは，あくまでも白血病細胞の増殖に限ったことで，それ以外の活性に関しては同じ活性の差異が出ることもあればまったく同じ活性になることもありうる（図 4.7）[2]．

これらのリグナンの白血病細胞の増殖抑制はいずれも細胞中 DNA の断片化を起こしていたことからアポトーシスによることが実験により証明された．また，正常細胞であるヒトリンパ球に対して，同濃度で実験をした場合，このようなアポトーシスを起こすことはなかった．つまり正常細胞には影響しないことが判明した．

この実験内容はあくまでも細胞レベルでのことであり，リグナンが生体内でがんを消失することができるかは今後の研究の成果を待たねばならない．

〔勝崎裕隆〕

文　献

1) Miyahara, Y., Katsuzaki, H. *et al.* (2000). *Food Sci. Technol., Int.*, **6**(3), 201-203.
2) Miyahara, Y., Katsuzaki, H. *et al.* (2000). *Internat. J. Molecul. Med.*, **6**, 43-46.
3) Miyahara, Y., Katsuzaki, H. *et al.* (2001). *Internat. J. Molecul. Med.*, **7**, 485-488.

4.2.4 ゴマの血液サラサラ効果

　日本人の死因は 2000 年以降，がん，心疾患，脳血管疾患の 3 つが上位を占めており，このなかで 2 位の心疾患と 3 位の脳血管疾患の大部分は，血管のなかを流れている血液が，血小板の凝集によって血栓ができて塞がれたために起こる疾病で，血栓症といわれているものである．血栓症のなかでも特に脳梗塞，脳塞栓は寝たきりとなる重篤な後遺症が多く，日本人の長い平均寿命に比べて健康寿命の短さに最も影響を与えている疾病である．

　近年，これらの疾患に関連して，サラサラ血液，ドロドロ血液という言葉がよく使われるようになったが，ドロドロ血液とは，血液が流れにくく固まりやすくなった状態のことをいい，その原因としては，赤血球の変形能の低下や，白血球の粘着能，血小板の凝集能が高まること，などが引き金になっていることが知られている．筆者は，20 年以上前より魚，野菜，果実など多数の食材について，ヒトの血液を用いて血小板凝集抑制力および血液流動性向上効果を調べ，その効果を各食材の血液サラサラ度（抗血栓点）として数値化し，血栓症にならないための食べ方の目安を抗血栓食として提案をしてきた[3,4]．この約 15 年前の提案にはゴマはなかったが，最近の市場における「ゴマドレッシング」「ゴマだれ」などの，顕著な売れ行き増大の実績をみると，各家庭におけるゴマの消費増大，特に野菜などとの併用増大の実状が注目され，ゴマのない抗血栓点表の不備が痛感された．そこで，ここでは筆者らが十年来行ってきたゴマ種子，脱脂ゴマ，ゴマ焙煎香気などのゴマ関連物質の血液サラサラ効果について，特に野菜など他の食材との相乗効果を中心に述べたい．

a. 血液サラサラ効果測定の概要

1) 血小板凝集抑制力の測定法　ヒトの静脈血を遠心分離処理して得られる多血小板血漿を用いて，血小板凝集惹起物質であるコラーゲンにより誘導される血小板凝集に対し，ゴマ関連試料添加が抑制するか否かをヘマトレーサーで測定した．抑制力の強弱は，コントロールの凝集を 50% 抑制するのに可能な試料濃度を指標にした．

2) 血液流動性向上効果の測定　ヒトの毛細血管をモデルとして作った微細なスリットを備えた血流計を用い，ゴマ関連試料添加による血液試料の通過時間の短縮率で血液流動性向上効果を示した．

b. ゴマリグナン類の血液サラサラ効果

ゴマを搾油すると，脂溶性ゴマリグナン類のセサミンとセサモリンは油とともに抽出されるが，セサミノール配糖体は脱脂ゴマに残る．この脱脂ゴマには良質なタンパク質も豊富に残っているがあまり食品としては利用されておらず主に飼料とされているのが現状である．

小泉らは脱脂ゴマの有効利用研究で，脱脂ゴマに各種麹菌や納豆菌を接種して，経日的にその試料の50%エタノール抽出物について，血流改善効果および血小板凝集抑制効果を調べた結果，原料の脱脂ゴマ，黄麹菌や納豆菌を培養したものでは，血流改善効果は認められなかったが，黒麹（*Asp. niger*）培養物には，10日，15日目の試料に顕著な血流改善効果が発現することが見出された．そして同時に行った生成物分析では，10日目以降に著量のセサミノールが産生していることから，脱脂ゴマに含くまれていたセサミノール配糖体が，この黒麹菌の酵素作用で遊離のセサミノールとなり，これが血流改善効果を現したものと考えられた．

そこで，ゴマリグナン中で特にセサミノールの血液サラサラ効果に注目し，改めて各種ゴマリグナンの標品について，血小板凝集抑制，血液流動性向上の試験を行った．その結果，抗酸化性をもつリグナンであるセサミノールが低濃度でも強い抗血栓効果を示し，その効果はこれまで抗血小板薬として用いられているアスピリンに勝るほどに強いものであることが明らかにされた（図4.8）．なお他のゴマリグナンのなかでは，セサミンに弱い血流改善効果，血小板凝集抑制効果がみられた．しかし，セサミノールの部分構造と同じ構造をもち抗酸化剤として

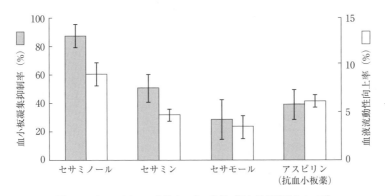

図4.8 ゴマリグナンの血液サラサラ効果（添加試料濃度0.1 mM）

知られていたセサモールはいずれの効果も弱いことから，この抗血栓効果はセサミノール特有のものであると考えられた[2,5]．

c. ゴマ焙煎香気の血液サラサラ効果

ゴマを煎ったときやゴマ油で揚げ物をしたときなどには，特有の香ばしいにおいがする．この焙煎香気成分についてはガスクロマトグラフィー（GC-MS分析）を用いた研究で数百の成分が分離同定され，そのなかにはゴマ油の特徴的な焙煎香の成分であるベンゼン環に窒素を含んだ環状化合物であるピラジン類や，ピロール類，それに硫黄も含んだチアゾール類などが確認されている[7]．ピラジン類は，以前よりメイラード反応に伴って生成する食品香気成分中にも存在することが知られていたが，一方で心臓病薬としてよく使われてきた生薬の「せんきゅう」の有効成分としても知られていたものである．

そこでゴマの機能性研究の一環としてゴマ焙煎油の製造工程で排出する焙煎香気を吸引して香気物質を集め，中性，酸性，アルカリ性下で溶媒抽出し，それ

表4.1 ゴマ焙煎油香気中に確認されたピラジン類の血小板凝集抑制効果：凝集惹起物質（コラーゲン 1 μg/ml）

化学構造	試料濃度別血小板凝集抑制力 (mg/ml)				化学構造	試料濃度別血小板凝集抑制力 (mg/ml)			
	5.0	0.5	0.1	0.05		5.0	0.5	0.1	0.05
ピラジン	‡	‡	＋	－	ジメチルピラジン	‡	‡	‡	‡
メチルピラジン	‡	‡	‡	－	ジエチルピラジン	‡	‡	‡	‡
2,5-ジメチルピラジン	‡	‡	－	－	トリエチルメチルピラジン	‡	‡	－	－
2,6-ジメチルピラジン	‡	‡	‡	－	アセチルピラジン	‡	‡	‡	＋
エチルピラジン	‡	‡	‡	＋	アスピリン (抗血小板薬)	‡	‡	‡	＋
2,3-ジメチルピラジン	‡	‡	＋	－					

‡ コントロールの50%以上抑制
‡ コントロールの50〜30%抑制
＋ コントロールの30〜10%抑制
－ コントロールの10%以下抑制

ら抽出物についてヒト血液の血小板凝集抑制効果を調べた．その結果，アルカリ性下連続水蒸気蒸留物をエーテル抽出したものには，強い血液サラサラ効果があることが確認された．そこでこの抽出物のGC分析を行った結果，このなかに約10種類のピラジン化合物の存在が認められ，そのうちゴマ香気中にも存在する2,3,5-トリメチルピラジンや2,3-ジエチル，5-メチルピラジンなどが，アスピリンに勝る血小板凝集抑制効果を示すことが明らかにされた[1]（表4.1）．

d. 食生活におけるゴマの血液サラサラ効果

古来から「ゴマを服すれば，身を軽くして老いず」と言い伝えられていて，これが実際に山下らの老化ネズミの実験でゴマの効果が証明されたが[8]，その根拠は解明されていない．しかし，今回ゴマの種子，ゴマ油の脱脂粕，脱脂粕の微生物発酵生産物およびゴマの焙煎香気捕集物などについてヒトの血液を用いた系での血小板凝集抑制効果，血液流動性向上効果の実験を繰り返した結果，セサミノール配糖体を含むゴマ食品は，腸内細菌やある種の食品加工用微生物により遊離体セサミノールを生成し，これが血栓症予防効果を発揮する可能性のあることが示唆された．

また，焙煎香気中の有効成分は微量とはいえ呼気として絶えず吸入し続けた場合に血栓症予防の効果を示している可能性もあると考えられるので，これらのことは脳梗塞，脳塞栓など"寝たきり"への主要病因へのゴマの水際予防効果の可能性が「身を軽くして老いず」の実態感に寄与している可能性も考えられる．

e. 食生活における野菜との協力効果の立役者ゴマドレッシング

近年，市場で見られるようにゴマドレッシング，ゴマだれの需要が急速な伸びを示している．一方，ここ数十年の多くの研究により，野菜類のもつ活性酸素消去能[6]，抗がん作用などの機能性が報告されており，個々の野菜はそれぞれの特徴をもち，有効性もさまざまあり，"野菜を摂ることの重要性"はますます確信されている．しかし，生野菜をそのままで食べるのでは摂取量は知れている．これにゴマドレッシングをかければ食べやすくなり，食生活による健康効果に大きく寄与する可能性が十分期待できる．

注：現在はヒト血液を実験に供することはきわめて困難になっているので，ここに示すデータはきわめて貴重なものである． 〔並木和子〕

文　献

1) 五十嵐紀子他（1986）．東邦医学会誌，**33**，261-264．
2) 小泉幸道他（2007）．日食科工誌，**54**，9-17．
3) 並木和子他（1991）．こんな野菜が血栓をふせぐ（ブルーバックス），講談社．
4) 並木和子他（1992）．食卓のエコロジー：血栓症を予防する野菜，産調出版．
5) 並木和子（2006）．日本ヘモレオロジー学会誌，**9**，23-30．
6) 西堀すき江他（1998）．栄養学会誌，**56**，81-87．
7) Shimoda, M. *et al.* (1997). *J. Agric. Food Chem.*, **45**, 3193-3196.
8) 山下かなへ他（1990）．日本栄養・食糧学会誌，**43**，445-449．

4.2.5　ゴマリグナンの機能性研究の今後の動向

　紀元前からゴマは身体によいと伝承されてきたが，科学の進歩とともに，ゴマの抗酸化，抗老化成分の研究が進展し，特徴的な物質として，リグナンという一連の化合物が次々と発見され，約10種同定されている．これら一連のゴマリグナン化合物は，さまざまな生物活性を示すことも明らかにされてきた．

　しかし，各リグナン類の生体内での作用機構を解明するには，単一のリグナンが大量に必要である．含有量が多く，結晶しやすいリグナン，セサミンは大量に得ることができ，多くの研究が行われている．一方，それ以外の量的に少ないリグナン類の研究は遅れている．したがって，他のリグナン類の研究を進めるためには，セサミン以外のリグナンの単離精製法をどうするかが今後の大きな課題であるが，大量調製法などが確立されればセサミン以外のリグナンの研究も進展する可能性がある．

　また，リグナンの生体内代謝過程での活性についても重要であると考えられ，その観点からの研究も進展している．今後ますます，この方面からの研究は展開されていくと考えられる．ゴマ中のリグナン類の構造はすべて明らかになったといっても過言ではないが，ゴマ食摂取後の体内での代謝物に関しては，今後の課題である．しかし，体内での変化で生じる化合物は微量であり，直接これらの構造を明らかにしたりすることは困難である．多くの場合がモデルで実験を行い，生体内で本当に起きているか確認する程度となっている．これらの詳細な証明は精密機器の進歩を待たなければならない．いずれにせよ，リグナンなどを食べた後，さまざまな代謝を受け，機能発現するという，ダイナミックな目で見た機能性の研究は今後ますます増えてくると考えられる．

ゴマのもつ新しい機能という面からは，生体反応としてのゲノム解析，プロテオーム解析，メタボローム解析などの網羅的な解析法により新たな機能が見出される可能性が期待されている．また，新たな機能性が見つかった場合，より詳細な機能性発現に関する，転写制御やシグナル伝達制御といった研究も多く展開されていくと考えられる．既存の機構で説明がつくものもあれば，新たな機能発現メカニズム解析が必要なものなどさまざまな場合が予想される．こういった研究は，ゴマだけの問題ではなく，食品成分すべてにおいても今後いっそういろいろな機構が明らかにされてくるものと考えられる．

さらに，最近注目を集めているケミカルバイオロジーの分野において，低分子化合物とその標的タンパク質の相互作用に関する研究が行われている．食品成分に関してもこのケミカルバイオロジー的なアプローチに関する研究が行われてきている．ゴマリグナンもプロテオーム解析などにより，標的タンパク質が見つかれば，このような分野の研究も行われるのではないかと思われる．

また，時間栄養学という言葉が多く使用されるようになってきた．これは，生体内リズムを意識して，食事を摂取するというための栄養学である．今まではあまり意識されていなかったが，やはり，食品の摂取するタイミングで，栄養面や機能性で差異が出ると推定される．リグナンの摂取タイミングと機能性の差異に関してはまだわかっていない．このいつ食べたらよいかという研究も今後必要であると思われる．

今後，まだやり残されている分野やより詳細な研究は少しずつ行われていくと思うが，分析法の進歩やリグナンの大量調整法の確立により，躍進的な研究の進展もありうる．さらに新たな概念の導入によっては，思わぬ方向へと研究が進んでいくと考えられる．

〔勝崎裕隆〕

◀ 4.3 ゴマリグナンのビタミン増強・調節作用 ▶

4.3.1 老化抑制効果とゴマリグナンのビタミン E 増強効果

a. 老化促進モデルマウス（SAM）によるゴマの老化抑制実験

ゴマは古来より老化抑制効果をもつ食品として知られてきたが，これまでに科学的に証明した実験はない．1982 年頃 SAM が開発され，老化の研究に有用な

病態モデル動物として注目されていた．早速，並木満夫先生と京都大学竹田研究室を訪れ，SAM（R-1系とP-1系）の分与を受け，自家繁殖により実験に必要なマウスを産生した．実験では，早期に老化兆候を示すP-1系マウスの促進老化をゴマ投与で抑制できるかどうかを調べた．そして，SAMの外観から判定する各種老化指標がゴマの摂取で明らかに抑制されることを認めた．同時に，ゴマ摂取で血漿・肝臓の過酸化脂質（TBARS）の低下も認めた．ゴマには，微量成分としてゴマ特有のリグナン物質が含まれ，ゴマ種子やゴマ油の酸化安定性に寄与していることが知られている．名古屋大学並木研究室で発見された新規ゴマリグナン，セサミノールの供与を受け，ゴマの代わりにセサミノールを投与し，その効果を調べたところ，ゴマ投与と同様，SAMの老化度評点を抑えることが観察された．特に，毛並みを著しくよくすることがわかった．ゴマはSAMの老化を抑制すること，その作用にゴマリグナンの関与が明らかとなった[9]．

b. ゴマに含まれるビタミンE

ビタミンEは老化抑制ビタミンとして知られている．自然界にはビタミンE活性をもつ物質が8種類（図4.9）知られている．側鎖に二重結合のないトコフェロールと二重結合を3個もつトコトリエノール（Toc3）があり，それぞれクロマン環のメチル基の数と位置により，$\alpha, \beta, \gamma, \delta$の4種がある．食品中に多く含まれるのは，$\alpha$-トコフェロール（$\alpha$-Toc）と$\gamma$-トコフェロール（$\gamma$-Toc）であるが動物体内ではほとんどが$\alpha$-Tocである．日本やアメリカの食生活では$\gamma$-Toc

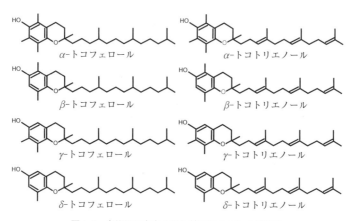

図4.9 自然界に存在する8種のビタミンE同族体

4.3 ゴマリグナンのビタミン増強・調節作用

表 4.2 植物油のビタミン E 量（五訂日本食品標準成分表）

食品名	トコフェロール量 (mg/100 g)			
	α	β	γ	δ
オリーブ油	7.4	0.2	1.2	0.1
ゴマ油	0.4		43.7	0.7
米ぬか油	25.5	1.5	3.4	0.4
サフラワー油	27.1	0.6	2.3	0.3
ダイズ油	10.4	2.0	80.9	20.8
トウモロコシ油	17.1	0.3	70.3	3.4
ナタネ油	15.2	0.3	31.8	1.0
パーム油	8.6	0.4	1.3	0.2
ヒマワリ油	38.7	0.8	2.0	0.4
綿実油	28.3	0.3	27.1	0.4

のほうが多く摂取されているのに，生体内トコフェロールの 90% 以上が α-Toc である．2005 年に発表された「日本人の食事摂取基準」では，α-Toc のみをビタミン E とすることに決まり，98% が γ-Toc であるゴマ（表 4.2）は，食品成分表上ではビタミン E をほとんど含まない食品として示される．

c. 動物実験によるゴマのビタミン E 活性の検討

1) γ-Toc 単独投与とゴマ投与の比較 本当にゴマにはビタミン E 活性がないのかという疑問を検証するために，ラットを用いてゴマのビタミン E 活性を調べてみた[7]．実験としてはビタミン E を含まない（-E）飼料を対照に，ビタミン E 源として α-Toc，γ-Toc，ゴマ（3 群ともトコフェロール量は約 50 mg/kg にする）を用いて調べた．ビタミン E 活性の指標として溶血率，血漿ピルビン酸キナーゼ，血漿・肝臓の TBARS，血漿・肝臓のトコフェロール量を測定した．これらビタミン E 活性の指標は，-E 群，γ-Toc 群でビタミン E 欠乏状態を示したが，α-Toc 群とゴマ群は高いビタミン E 活性を示した．そして α-Toc 群では α-Toc が，ゴマ群では γ-Toc が高濃度に検出された．ここで 2 つの疑問が持ち上がった．一つは同量の α-Toc と γ-Toc を摂取したのに，なぜ α-Toc のみが生体に保持されるのか，また，同じ γ-Toc 量を摂取したのにゴマとして摂取したときのみ生体内に保持されるのか．ちょうどその頃生体内のビタミン E の代謝がかなりの程度わかってきた．摂取したビタミン E はすべて同じようにキロミクロンに取り込まれ肝臓に運ばれるが，α の優位性は，肝臓に存在

する α-トコフェロール輸送タンパク質（α-TTP）により決まる[1]．肝臓に入ってきたトコフェロールは α-TTP と結合して超低密度リポタンパク質（VLDL）へと運ばれ，VLDL に組み込まれて各組織に運ばれる（図 4.10）．α-Toc は α-TTP と強い親和性をもつが，他の同族体は親和性が弱いため他の組織に運ばれることなく肝臓内で処理される．次になぜゴマとして γ-Toc を摂取すると生体内に γ-Toc が保持されるかの問題であるが，ゴマ成分に γ-Toc を保持する物質の存在が推定される．そこでゴマリグナンと γ-Toc を同時投与して調べたところ，生体内に多様の γ-Toc の保持が認められた．ゴマリグナンがトコフェロール代謝に関与していることが推定された．

2) ビタミン E 代謝とゴマリグナン　　1995 年頃ビタミン E の主要な代謝経

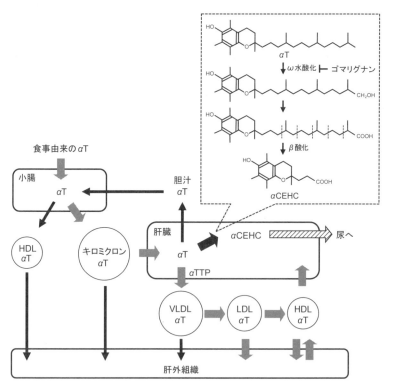

図 4.10　α-トコフェロール代謝

αCEHC：2, 5, 7, 8-tetramethyl-2(2′-carboxyethyl)-6-hydroxychroman，αT：α-トコフェロール，αTTP：α-トコフェロール輸送タンパク質．

路は側鎖が短鎖化されたカルボキシエチルヒドロキシクロマン（CEHC）への分解であることがわかってきた（図4.10）[5]．トコフェロールもToc3もクロマン環はそのままで，P450系酵素により側鎖が水酸化され，続くβ酸化により最終的には，炭素3個のカルボキシエチルになり，α-Tocやα-Toc3はα-CEHCに，γ-Tocやγ-Toc3はγ-CEHCとなり，主に尿中に排泄されることが示された．そして，Parkerら[4]は肝細胞を用いた研究で，セサミンがビタミンEのCEHCへの分解を触媒するP450系酵素を阻害することを示した．筆者らもラットを用いた in vivo 系で，ゴマやゴマリグナンが生体内のビタミンE濃度を高め，尿中へのCEHC排泄を抑制することを認めた（図4.11）[3]．ゴマリグナンはビタミンEの代謝を抑制し，生体濃度を高めたことが明らかになり，食品成分によるビ

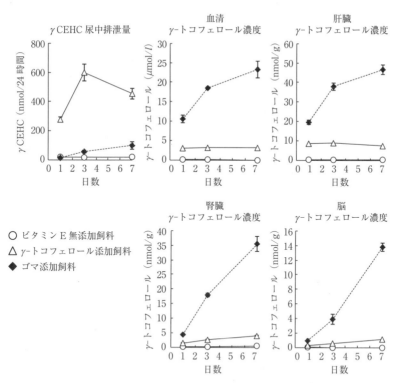

図4.11 ゴマ摂取によるγ-トコフェロール異化阻害（Ikedaら[3]を改変）
γ-トコフェロール添加飼料とゴマ添加飼料のγ-トコフェロール含量は等しくした．値は平均値±標準誤差で示した．γCEHC：2,7,8-trimethyl-2(2′-carboxyethyl)-6-hydroxychroman．

タミンE活性増強の機作が初めて明らかとなった．ゴマリグナンはすべてのビタミンE代謝を抑制するので，ゴマとα-Tocを同時に摂取すると総量のビタミンE濃度は上昇するが，α-Tocの摂取量の増加につれてγ-Tocは減少することを認めた[8]．それはα-TTPとの親和性が優先し，α-Tocが上昇するとγ-Tocはα-TTPとの結合量が減少しγ-CEHCへの分解が促進されるためと考えられる．

リグナンとはp-hydroxyphenylpropaneの2分子が酸化的にカップリングして生成した化合物で広く植物界に少量存在する．リグナンを比較的多量に含有する植物としてゴマの他にflaxseed（亜麻仁）が知られている．また，フィンランドでは，coniferous tree（エゾマツ）から多量のリグナン物質hydroxymatairesinol（HMR）が取り出され，その生理作用が調べられている．筆者らは，これらのリグナンがゴマリグナンと同じようにビタミンE代謝を抑制する作用があるかどうかを調べたが，これらの物質には，ビタミンE濃度を上昇させる作用は認められなかった[10]．これらの結果から，トコフェロール代謝に及ぼす影響はゴマリグナン特有の作用と考えられる．

4.3.2 トコトリエノール（Toc3）とゴマリグナンによる紫外線照射傷害予防効果

a. 生体内Toc3濃度に及ぼすゴマの影響

Toc3は，トコフェロールと同じクロマン環（$\alpha, \beta, \gamma, \delta$）をもつが，側鎖に3個の二重結合をもつビタミンEで，ビタミンE活性はα-Tocよりはるかに低い．ところが，近年 in vitro の実験であるが，生体膜に対する抗酸化活性はα-Tocより強力であることが報告され注目されている．Toc3を含有する食品はパーム油とか米やコムギの胚芽油など非常に限られているため，食品成分表には掲載されていない．Toc3を含有する数少ない食用油であるパーム油は，マレーシアなど熱帯地方で大量に産出されている．そのパーム油よりもα-Toc, α-Toc3, γ-Toc3を高濃度に含むパーム油抽出物（T-mix）が大量に産出され，Toc3の栄養生理効果が各所で研究され，多種のサプリメントが市販されている．筆者らも，Toc3の生体内濃度に及ぼすゴマやゴマリグナンの併用効果について調べてみた．まず，T-mixをラットに投与し生体内のビタミンE分布を調べたところ，α-Tocはどの組織からも高濃度に検出され，α-およびγ-Toc3は血漿，肝臓，腎

4.3 ゴマリグナンのビタミン増強・調節作用

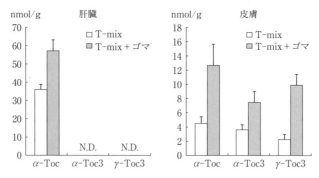

図4.12 トコトリエノールとゴマ添加飼料で飼育したラットの肝臓と皮膚のビタミンE濃度[2]

T-mix (α-Toc;22%, α-Toc3;23%, γ-Toc3;37.4%)229 mg/kg含有飼料とT-mix＋ゴマ20%含有飼料で8週間飼育したラットの肝臓および皮膚のビタミンE濃度.

臓などからはほとんど検出されなかったが，皮膚と脂肪組織からα-Tocと同じくらい高濃度に検出された（図4.12）[2]．血漿や肝臓・腎臓からほとんど検出されなかったのは，前述したようにα-TTPとの結合能によるものと考えられている．Toc3がどのような経路で皮膚や脂肪組織に至るかはまだよくわからないが，皮膚や脂肪組織へのToc3がゴマやゴマリグナンとの併用で著しく上昇することがわかった．筆者らは，皮膚にToc3が貯留すること，その量がゴマと同時摂取でさらに上昇することに注目し，皮膚においてToc3がα-Toc以上に強い抗酸化作用を発揮するかを検討した．皮膚の老化は紫外線により促進されることはよく知られている．また，紫外線照射は皮膚の老化のみならず皮膚がんの原因となる．

b. 紫外線照射傷害に対するToc3およびセサミンの防御効果

ヘアレスマウスを用いて−E（マイナスE）群，α-Toc群，T-mix群，およびT-mix＋セサミン群で飼育し，紫外線を短期強度照射したときの皮膚の炎症の程度を調べる実験と，皮膚に化学発がん物質（DMBA）を塗布してから少し弱い紫外線を20週間照射したときの発がんの程度を調べる長期実験を行った．短期実験の皮膚の炎症は−E群，α-Toc群で強い炎症が認められたが，T-mix群は軽度になり，さらにT-mix＋セサミン群ではほとんど炎症が認められなかった．長期実験では，図4.13に示すように，α-Toc投与群は−E群に比べれば紫外線

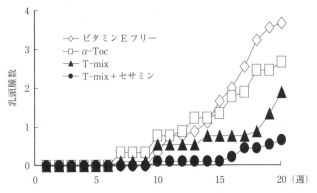

図4.13 トコトリエノールとセサミンの紫外線照射傷害抑制効果[6]
実験動物としてヘアレスマウスを用い,試験飼料投与1週間前にマウスの背部に7,12-dimethylbenz(a)anthracene (DMBA) を塗布し,①ビタミンEフリー飼料,②α-Toc 50 mg/kg 飼料,③T-mix (α-Toc;22%, α-Toc3;23%, γ-Toc3;37.4%) 229 mg/kg 飼料,④T-mix+セサミン 2,000 mg/kg 飼料で飼育開始と同時に紫外線照射を始め,20週間の飼育期間中に発生したがんの累積個数.

による発がん数を抑制したが,Toc3 の入っている T-mix 群(α-Toc も入っている)は短期,長期とも明らかに α-Toc 群より紫外線照射傷害を強く抑制した.さらに,セサミン添加群は T-mix 群よりさらに良好な結果を示した.この実験から Toc3 は皮膚に取り込まれ,紫外線照射傷害を抑制することが証明された.また,このときセサミンの同時投与は,皮膚の Toc と Toc3 濃度を上昇させるので,紫外線照射傷害をさらに強く防御できたと考えられた[6]. 〔山下かなへ〕

文　献

1) Hosomi, A. *et al.* (1997). *FEBS Let.*, **409**, 105-108.
2) Ikeda, S. *et al.* (2001). *J. Nutr.*, **131**, 2892-2897.
3) Ikeda, S. *et al.* (2002). *J. Nutr.*, **132**, 961-966.
4) Parker, R. S. *et al.* (2000). *Biochem. Biophys. Res. Commun.*, **277**, 531-534.
5) Schultz, M. *et al.* (1995). *Am. J. Clin. Nutr.*, **62**(suppl), 1527S-1534S.
6) Yamada, Y. *et al.* (2008). *J. Nutr. Sci. Vitaminol.*, **54**, 101-107.
7) Yamashita, K. *et al.* (1992). *J. Nutr.*, **122**, 2440-2446.
8) Yamashita, K. *et al.* (1995). *Lipids*, **30**, 1019-1028.
9) 山下かなへ (1998). ゴマ その科学と機能性(並木満夫編),pp. 29-40, 丸善プラネット.
10) Yamashita, K. *et al.* (2003). *Lipids*, **38**, 1249-1255.

4.3.3 ゴマリグナンのビタミンK濃度上昇作用
a. ビタミンKとEの代謝の類似性

私たちが食事から摂取しているビタミンKの大部分は，ビタミンK_1であるフィロキノン (PK) である．PKは体内でビタミンK_2であるメナキノン-4 (MK-4) に変換されるため，体内に存在するビタミンKは主としてPKとMK-4である．脂溶性ビタミンであるビタミンEとKは，どちらも血液中をリポタンパク質に結合して運ばれ，特異的な輸送タンパク質をもたない．また，PKはトコフェロールと同じフィチル基を，MK-4はトコトリエノールと同じプレニル基をそれぞれの構造内に側鎖としてもつため，ビタミンEとKは構造上も類似している．さらに，両者の代謝経路が似ていることも明らかになった．

ビタミンEが側鎖の水酸化とそれに続くβ酸化によってCEHCに代謝されるのは前述の通りであるが，ビタミンKについても側鎖が短くなった代謝産物が尿中に排泄されることが以前から知られていた．一方，ビタミンE水酸化酵素であるシトクロームP450 (CYP) 4F2の遺伝子多型が血栓塞栓症の予防薬であるワルファリンの感受性に影響を与えることがいくつか報告され，CYP4F2がビタミンK代謝に関与することが想像された．そして，2009年にMcDonaldら[3]が，CYP4F2がPK水酸化活性をもつことを明らかにした．したがって，ビタミンK

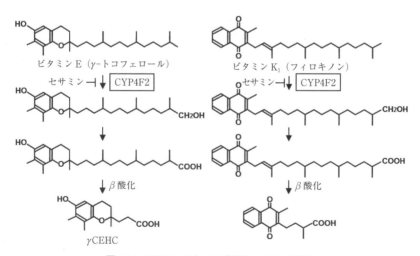

図4.14　ビタミンEとKの代謝とセサミンの作用
γCEHC：2,7,8-trimethyl-2(2'-carboxyethyl)-6-hydroxychroman, CYP4F2：シトクロームP450 4F2.

もビタミンEと同様の代謝，すなわち主に肝臓でCYP4F2による水酸化とβ酸化を受けて側鎖の短い代謝産物になり，尿中に排泄されるという一連の代謝が示唆された（図4.14）．

b. セサミンのビタミンK濃度上昇作用

ビタミンK異化の最初の水酸化反応がビタミンE水酸化酵素と同一の酵素によることが明らかになったため，ゴマリグナンがビタミンEだけでなくビタミンK濃度も上昇させる可能性が考えられた．そこで，ラットの体内ビタミンK濃度に及ぼすゴマ摂取の影響を調べた．セサミン添加飼料をラットに7日間摂取させたところ，肝臓のPKおよびMK-4濃度が上昇した．次に，ラットにゴマ添加飼料を3日間摂取させたところ，肝臓と腎臓のPK濃度が上昇した．さらに，ゴマ添加飼料を40日間摂取させたところ，ゴマの摂取によって腎臓，心臓，肺，精巣，脳などのPK濃度と，脳のMK-4濃度が上昇した．以上の結果から，ゴマ摂取が体内のビタミンK濃度を上昇させることが初めて明らかになった[3]．ヒト肝臓ミクロソームを用いた in vitro の系においてセサミンがPK水酸化を阻害することから[1]，セサミンは肝臓におけるCYP依存性のPKの異化を阻害することによって，体内のビタミンK濃度を上昇させるものと考えられた．

4.3.4　ゴマリグナンのビタミンC合成調節作用

ゴマを摂取させたラットでは，ビタミンE濃度だけでなく，肝臓や腎臓のビタミンC濃度も上昇し，ビタミンCの尿中排泄量が増加した[2]．ヒトを含む一部の動物は，グルコースからビタミンCへの合成経路の最終段階の酵素（L-グロノ-γ-ラクトンオキシダーゼ）を進化の過程で欠損しているため，ビタミンCを体内で合成することができず，必須栄養素として食物から摂取しなければならない（図4.15）．しかし，ラットは肝臓でグルコースからビタミンCを合成する．ゴマ摂取時のビタミンC濃度の上昇は，セサミン摂取時にも認められ，ビタミンC合成不能のODSラットではその効果が小さくなった．さらに，セサミンを摂取することによって，肝臓のシトクロムP450（CYP）2Bやウリジン二リン酸（UDP）-グルクロノシルトランスフェラーゼ（UGT）2Bなどのいわゆる薬物代謝酵素の遺伝子発現が誘導された[2]．

UGTは，UDP-グルクロン酸のグルクロン酸部分を脂溶性分子に転移するこ

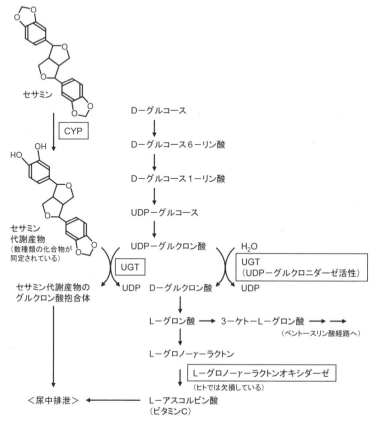

図 4.15　セサミン代謝とビタミン C の生合成との関連
CYP：シトクローム P450, UDP：ウリジン二リン酸, UGT：UDP-グルクロノシルトランスフェラーゼ.

とによって，脂溶性分子をグルクロン酸抱合体に変換させる酵素である．グルクロン酸抱合体になると極性が増すため，尿中に排泄されやすくなる．一方，過剰な UDP-グルクロン酸は UGT の UDP-グルクロニダーゼ活性によって UDP とグルクロン酸に分解され，グルクロン酸はさらに L-グロノ-γ-ラクトンを経てビタミン C に変換される．したがって，セサミンを摂取すると，セサミンの異化のために肝臓の UGT 遺伝子発現が誘導され，副次的に D-グルクロン酸産生も促進し，その結果ビタミン C 合成が促進して体内のビタミン C 濃度が上昇するという一連のメカニズムが推察された（図 4.15）．

4.3.5 エンテロラクトン前駆体としてのゴマリグナンの作用

経口摂取したセサミンは，小腸から吸収されて体内でさまざまな生理作用を発揮するほか，その一部は腸管内で腸内細菌叢によってエンテロラクトンなどのエンテロリグナンに変換されて，体内に吸収される（図4.16）[4]．エンテロラクトンは，その血中濃度や尿中排泄量と，心血管疾患やがんなどの慢性疾患の発症や

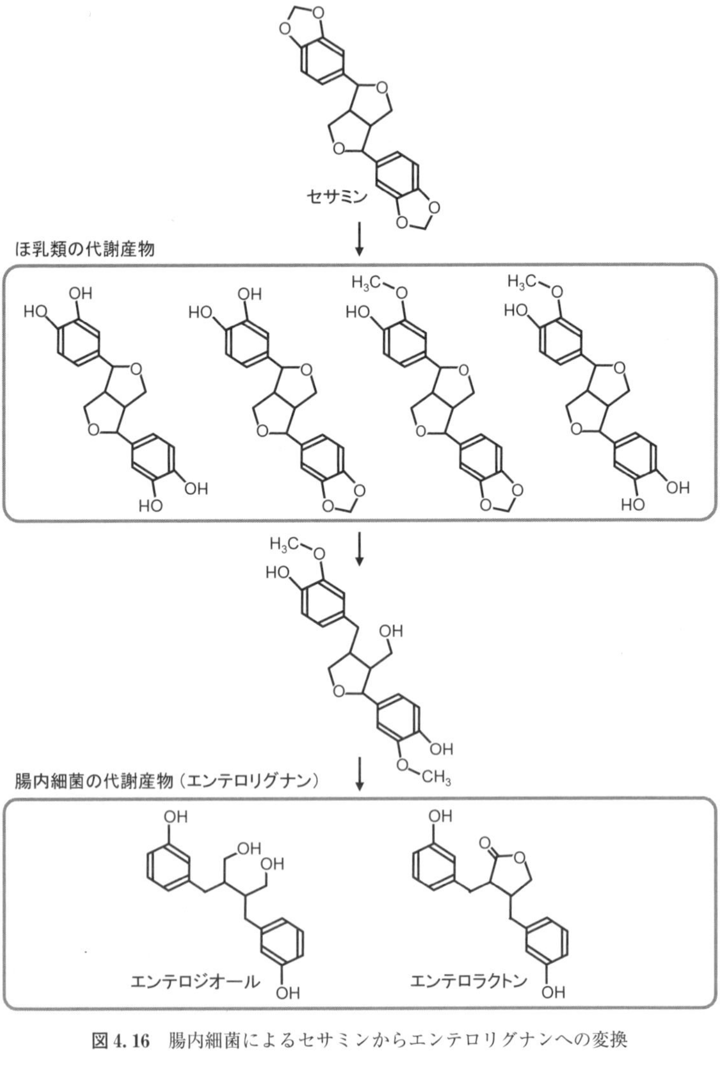

図4.16 腸内細菌によるセサミンからエンテロリグナンへの変換

進行との間に負の相関があるとの報告もあるため，セサミンはエンテロラクトン前駆体の供給源としても注目される． 〔池田彩子〕

文　献

1) Hanzawa, F., et al. (2013). *J. Nutr.*, **143**, 1067-1073.
2) Ikeda, S. et al. (2007). *J. Nutr. Sci. Vitaminol.*, **53**, 383-392.
3) McDonald, M. G., et al. (2009). *Mol. Pharmacol.*, **75**, 1337-1346.
4) Peñalvo, J. L., et al. (2005). *J. Nutr.*, **135**, 1056-1062.

❰ 4.4　ゴマリグナンの脂肪酸代謝への影響 ❱

4.4.1　n-6系，n-3系脂肪酸の生体内不飽和化反応に及ぼす影響

a.　生体内での多価不飽和脂肪酸の代謝

　動物体内にはn-6系脂肪酸であるリノール酸（18：2 n-6），n-3系脂肪酸であるα-リノレン酸（18：3 n-3）を出発物質として，さまざまな多価不飽和脂肪酸（PUFA）を合成する代謝系が存在する（図4.17）．リノール酸が出発物質である場合，まずΔ6-不飽和化酵素により二重結合が導入されγ-リノレン酸（GLA，18：3 n-6）に転換される．これに鎖長延長酵素により炭素原子が2個付加され炭素数20のジホモ-γ-リノレン酸（DGLA，20：3 n-6）が生成する．さらに，DGLAはΔ5-不飽和化酵素により，アラキドン酸（20：4 n-6）に転換する．ドコサヘキサエン酸（DHA，22：6 n-3）が不足する条件ではアラキドン酸はさらに長鎖不飽和化されドコサペンタエン酸（22：5 n-6）が作られる．n-3系脂肪酸のα-リノレン酸もn-6系脂肪酸と同じ代謝経路で同一酵素により，順番にステアリドン酸（18：4 n-3），エイコサテトラエン酸（20：4 n-3），エイコサペンタエン酸（EPA，20：5 n-3）が作られる．さらに，EPAは長鎖不飽和化されDHAが作られる．この代謝経路で生成する，PUFAのなかで，DGLA，アラキドン酸およびEPAは生理活性物質であるエイコサノイドの前駆体として重要であり，これら脂肪酸からは構造の異なった，1シリーズ，2シリーズおよび3シリーズのエイコサノイドがそれぞれ生成する．したがって，このPUFA代謝系の変動はエイコサノイド産生の変動を通して生体の種々の機能に影響を及ぼす．

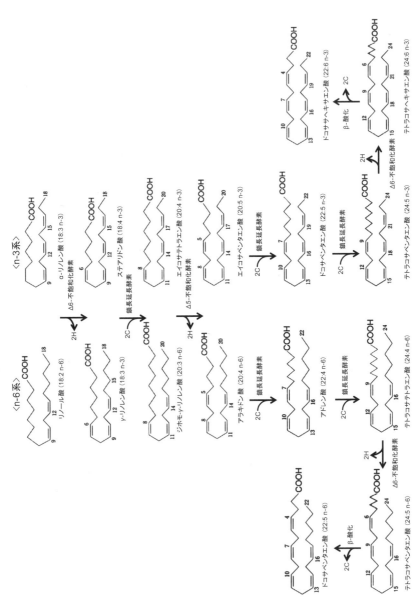

図 4.17 多価不飽和脂肪酸の鎖長延長・不飽和化反応

b. 酵素・細胞レベルでの多価不飽和脂肪酸の不飽和化反応に与えるゴマリグナンの影響

ゴマリグナンのなかで，セサミンはΔ5-不飽和化酵素の特異的な阻害剤である[29]．セサミンは糸状菌（*Mortierella alpina*）粗酵素およびラット肝臓ミクロソームでのΔ5-不飽和化反応を阻害し，その半阻害濃度はそれぞれ 5.5 μM および 75 μM と報告されている（図4.18）．セサミン以外のゴマリグナンも阻害活性を示し，その阻害活性の強さはセサミン＞セサモリン＞セサミノール＞エピセサミンである．しかし，各種のリグナンにΔ9-およびΔ6-不飽和化反応の阻害活性は認められず，その阻害はΔ5-不飽和化にきわめて特異的である．

したがって，ゴマリグナンの摂取はPUFAの不飽和化反応に影響を与え，これによりエイコサノイドの産生の量的質的変化を通して，さまざまな生理作用を発揮する可能性がある．このことから，細胞レベルあるいは個体レベルでゴマリグナンがPUFAの代謝あるいはエイコサノイド産生に与える影響に関し，数多くの研究が行われている．

市販のサプリメントに添加されている"セサミン"はゴマ油精製過程の副産物として得られるものである．酸性白土を用いたゴマ油の脱色過程で，セサミンの

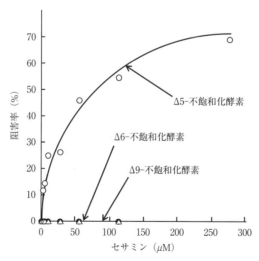

図4.18 セサミンによるラット肝臓ミクロソームのΔ5-不飽和化酵素の阻害（Shimizuら[29]を改変）

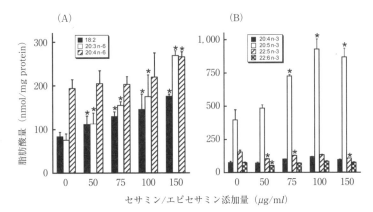

図 4.19 ラット初代培養肝臓細胞におけるジホモ-γ-リノレン酸 (20:3 n-6) (A) とエイコサテトラエン酸 (20:4 n-3) (B) の代謝に与えるセサミン/エピセサミン混合物の影響 (Fujiyama-Fujiwara ら[6]) を改変)
*セサミン/エピセサミン無添加時の値と有意に異なることを示す ($p<0.05$).

半分がエピセサミンに転換するため,このセサミン標品はセサミンとエピセサミンの当量混合物となっている.したがって多くの研究で,このセサミンとエピセサミンの1:1混合物が実験に用いられている.

Fujiyama-Fujiwara ら[6] は初代培養肝臓細胞での DGLA (20:3 n-6) およびエイコサテトラエン酸 (20:4 n-3) の代謝に与えるセサミン/エピセサミン混合物の影響について調べた (図 4.19).培地中に DGLA を添加し,セサミン/エピセサミン混合物存在下で 24 時間培養すると,細胞内に DGLA が蓄積し,その量は添加リグナン量に依存して増加した.細胞内アラキドン酸量は変化しないものの,この結果はセサミン/エピセサミンが肝臓細胞の Δ5-不飽和化を抑制していることを示す.また,リノール酸の増加は,DGLA からの Δ6-不飽和化反応の逆反応の増加に起因すると思われる.しかし,意外なことにセサミン/エピセサミンはエイコサテトラエン酸 (20:4 n-3) を添加してもその細胞内蓄積を増加させなかった.さらに,エイコサテトラエン酸の Δ5-不飽和化産物である EPA (20:5 n-3) 量はむしろセサミン/エピセサミン添加量の増加に伴って増加した.

これらの結果から,セサミン/エピセサミンは n-6 系脂肪酸の Δ5-不飽和化を抑制するが,n-3 系脂肪酸の Δ5-不飽和化は抑制しないと考えられる.

c. _in vivo_ での多価不飽和脂肪酸の不飽和化反応に与えるゴマリグナンの影響

ラットを用いた研究では多くの事例で，肝臓脂質中での DGLA 濃度の増加と，20：4 n-6/20：3 n-6 比の減少が観察されている．したがって，_in vivo_ でもセサミン/エピセサミンは Δ5-不飽和化反応を抑制していると考えられる．

n-3 系脂肪酸の代謝に与える影響に関し，Fujiyama-Fujiwara ら[7)] はラット肝臓において n-3 系脂肪酸 20：5, 22：5 と 22：6 量の総和を 18：3 n-3 量で除した値がセサミン/エピセサミンの投与によりむしろ高くなることを示し，_in vivo_ でもセサミン/エピセサミンは n-3 系脂肪酸の Δ5-不飽和化は阻害しないと推論している．

このような PUFA 代謝の変化と関連して，セサミン/エピセサミンがラット肺のロイコトリエン C_4 産生および脾臓でのロイコトリエン B_4 産生を抑制することが報告されている[8)]．

また，Utsunomiya ら[36)] はラットにおいて内毒素であるリポ多糖投与時に産生が増加するプロスタグランジン E_2 と 6-ケトプロスタグランジン $F1\alpha$ の血漿濃度が，セサミン/エピセサミンの胃内投与により減少することを示した．さらに，セサミン/エピセサミンは血漿中の腫瘍壊死因子 α（TNF-α）濃度をも減少させ，このリグナン標品に抗炎症作用があることを示唆した．

以上のように，セサミン/エピセサミンは生体内において特に n-6 脂肪酸の Δ5-不飽和化反応に影響を与え，エイコサノイド産生を変化させるようである．このセサミン/エピセサミンの作用が Δ5-不飽和化酵素に対する直接の阻害に加えて，酵素の遺伝子発現変化に基づく可能性もあるが，Umeda-Sawada ら[34)] はラット初代培養肝臓細胞においてセサミン/エピセサミンの培養液への添加は Δ5-および Δ6-不飽和化酵素の mRNA 量に影響を与えないことを示している．また Ide ら[16)] は同様にラット肝臓の Δ5-および Δ6-不飽和化酵素の遺伝子発現は，セサミン/エピセサミンの投与によって変化しないことを示している．

後述するようにセサミン/エピセサミンは転写因子であるペルオキシゾーム誘導剤活性化受容体 α（PPARα）とステロール調節エレメント結合タンパク質-1（SREBP-1）のシグナル伝達系に影響を与える．これら脂肪酸不飽和化酵素の遺伝子発現は PPARα および SREBP-1 両者の支配下にあるが，セサミン/エピセサミンは前者のシグナル伝達系を活性化する反面，後者のシグナル伝達系を抑制

するため，結果としてその遺伝子発現には影響を与えないものと考えられる．

4.4.2 脂肪酸 β 酸化，生合成に及ぼす影響

肝臓での脂肪酸酸化と脂肪酸合成の変化は，血中脂質濃度を制御する大きな要因である．これら代謝系の変化は肝臓でのトリアシルグリセロール（TG）合成とTGに富む極低密度リポタンパク質（VLDL）合成量を変化させ，血清脂質濃度に影響を及ぼす．

ゴマリグナンはこれら代謝系を大きく変化させることが知られているが，この変化がリグナンに観察される血清脂質濃度低下作用の大きな原因と考えられる．実際，セサミンとエピセサミンの当量混合物標品を用いた実験で，ラット肝臓の脂肪酸酸化と合成系に大きな変化が引き起こされることが見出されている．

a. セサミン/エピセサミンがラット肝臓の脂肪酸 β 酸化と脂肪酸合成に与える影響

脂肪酸酸化系はミトコンドリアとペルオキシゾームに存在する．セサミン/エピセサミンはラットにおいて用量依存的に肝臓の脂肪酸酸化活性を上昇させ，0.5％添加食でミトコンドリア活性は約2倍，ペルオキシゾーム活性は10倍以上に増加する（図4.20)[3]．またセサミン/エピセサミンは用量依存的に種々の脂

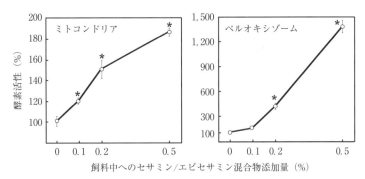

図4.20 セサミン/エピセサミンがラット肝臓の脂肪酸酸化活性に与える影響
（Ashakumaryら[3]を改変）
値はセサミン/エピセサミン無添加群での値を100とした相対値で表示した．値は平均値±標準誤差を示す．
* セサミン/エピセサミン無添加群での値と比較して有意差があることを示している（$p<0.05$）．

肪酸酸化系酵素の活性を上昇させ，ペルオキシゾーム経路の初発酵素であるアシル-CoA 酸化酵素活性は 0.5% セサミン食で約 12 倍の上昇を示し，他の数多くの酵素の活性も 0.5% セサミン食で 2～4 倍の上昇を示した．さらにセサミン/エピセサミンは 0.5% 添加で各種ミトコンドリアおよびペルオキシゾーム酵素のmRNA 量をそれぞれ 2～5 倍および 6～50 倍に増加させた．脂肪酸酸化上昇は食餌への 0.1% の添加ですでに認められる．

天然物のなかで肝臓脂肪酸酸化を上昇させるものとして，魚油に含まれる EPA や DHA などの n-3 系脂肪酸がよく知られている．しかし，これら脂肪酸により肝臓脂肪酸酸化活性上昇を引き起こすためには少なくとも飼料に数％以上のレベルで添加する必要がある．セサミン/エピセサミンはこれと比べると，はるかに強い脂肪酸酸化誘導作用をもつ．脂肪酸酸化系酵素の転写制御に深くかかわる転写因子として PPARα が知られているが，セサミン/エピセサミンは PPARα 活性化剤として作用し，肝臓の脂肪酸酸化系酵素の遺伝子発現を誘導すると考えられる．

セサミン/エピセサミンはまた肝臓の脂肪酸合成を抑制する．各種の脂肪酸合

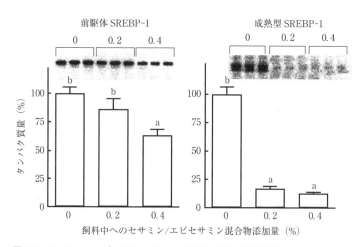

図 4.21 セサミン/エピセサミンがラット肝臓の膜結合型前駆体 SREBP-1 および核内活性型 SREBP-1 タンパク質量に与える影響のウエスタンブロットによる解析（Ide ら[11]を改変）
値はセサミン無添加群での値を 100 とした相対値で表示した．値は平均値±標準誤差を示す．同じ英文字を共有しない値の間には $p<0.05$ で有意差があることを示す．

成系酵素の活性と mRNA レベルは食餌へのセサミン/エピセサミンの添加により低下する．セサミン/エピセサミンの脂肪酸合成抑制作用の発現機構として，脂肪酸合成系酵素の転写を調節する転写因子である SREBP-1 の mRNA 量および前駆体と活性型 SREBP-1 タンパク質量の低下が関与するようである[11]．特に，活性型 SREBP-1 タンパク質量に対する影響は劇的で，セサミン/エピセサミンを飼料に 0.2% 添加すると値は対照群の 1/5 以下となる（図 4.21）．ゆえに，セサミン/エピセサミンは SREBP-1 の遺伝子発現とともに，前駆体の成熟型への転換に関与するタンパク分解の過程に影響を与え，脂肪酸合成系酵素の遺伝子発現の変化を引き起こすと考えられる．

以上のようにサプリメントとして使われているセサミン/エピセサミン混合物が肝臓の脂肪酸酸化と合成に大きな影響を与えることは明白である．このような変化がセサミン/エピセサミンの血清脂質低下作用の大きな要因と思われる．

b. セサミン/エピセサミン混合物と多価不飽和脂肪酸がラット肝臓の脂肪酸 β 酸化に与える相互作用

魚油はセサミン/エピセサミンの肝臓脂肪酸酸化上昇作用を増強することが観察されている．魚油とセサミン/エピセサミンのラット飼料への同時添加はセサミン/エピセサミン単独添加食と比較して，多くの脂肪酸酸化系酵素の活性を 1.5〜2 倍増加させる[12]．このような脂肪酸酸化誘導作用は，ペルオキシゾームに存在する脂肪酸酸化系酵素の発現誘導によるものと考えられる．魚油の脂肪酸酸化系増強作用は日本人の魚油摂取量にほぼ相当する低レベル（1.5%）の食餌への添加でも明瞭に観察される[15]．また，セサミン/エピセサミンによる肝臓脂肪酸酸化活性の上昇を増強する作用は，EPA あるいは DHA エチルエステルで再現できるので，このような n-3 系 PUFA が魚油の作用の本体とみなされる[2]．

また，最近 n-6 系の DGLA あるいはアラキドン酸に富む糸状菌油脂とセサミン/エピセサミン同時添加が魚油で観察されると同様に，ペルオキシゾームの脂肪酸酸化系酵素の遺伝子発現上昇を伴い，各種脂肪酸酸化系酵素の活性を大きく増加させることが観察されている[17]．共役リノール酸の体脂肪低減作用は広く認められているが，セサミンとの併用でその効果が強まることがラットで報告されており[32]，肝臓での脂肪酸の酸化促進と TG 放出の低下がかかわっているようである[27]．

c. 各種ゴマリグナンがラット肝臓の脂肪酸 β 酸化と脂肪酸合成に与える影響

ゴマに含まれる主要なリグナンはセサミン,セサモリンおよびセサミノールであり,ゴマサラダ油の精製過程でセサミンが異性化し,エピセサミンが生成する.ゴマリグナンの生理作用は主にセサミン/エピセサミン混合物を用いて調べられてきたが,リグナンの立体構造によって生理活性が異なることが知られている.すなわち,エピセサミンはセサミンと比較してはるかに脂肪酸酸化誘導活性が高いので[19],セサミン/エピセサミンで観察される脂肪酸酸化誘導作用は主にエピセサミンによると考えられた.また,セサモリンがセサミンと比較して,脂肪酸酸化誘導作用が強いことも観察されている[22].しかし,脂肪酸合成を抑制する作用はセサミン,エピセサミンおよびセサモリンでほぼ同等である.

DNA マイクロアレイを用いセサミン,エピセサミンとセサモリンが肝臓の遺伝子発現に与える影響を同時に比べた研究[13]では,以上の観察と一致してセサミンの脂肪酸酸化系酵素の遺伝子発現誘導作用はエピセサミンとセサモリンより

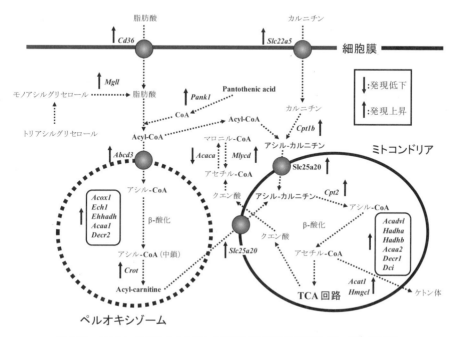

図 4.22 セサミン/エピセサミンによる肝臓の遺伝子発現の制御 (Ide ら[13] を改変)

低く，エピセサミンとセサモリンでは差は認められなかった．また，各種リグナンは脂肪酸合成や脂肪酸酸化系酵素のみならず，細胞膜に存在する脂肪酸輸送担体 Cd36 やカルニチン輸送体（Slc22a5），ペルオキシゾームへの脂肪酸輸送に関与する ATP-結合カセット輸送体 D3（Abcd3），細胞内 TG 分解に関与するモノグリセリドリパーゼ（Mgll），コエンザイム A 合成の律速酵素パントテン酸キナーゼ 1（Pank1），脂肪酸酸化系酵素の生理的阻害剤マロニル-CoA 分解に関与するマロニル-CoA 脱炭酸酵素（Mlycd），ペルオキシゾーム形成に関与するペルオキシゾーム形成因子 11α（Pex11a），ミトコンドリア内膜形成に関与するフラクチャーカルス 1（Fxc1）など，脂肪酸酸化促進に直接・間接に関与する多数の遺伝子の発現を増加させることが示されている（図 4.22）．

これら遺伝子発現の上昇作用はやはり，エピセサミンとセサモリンがセサミンより大きく，エピセサミンとセサモリンで差が見られなかった．これら，リグナンに加えゴマはかなりの量のセサミノールを含むと考えられるが，セサミノールの脂肪酸 β 酸化と脂肪酸合成に与える影響に関しては現在までのところ知られていない．

d. 高リグナンゴマがラット肝臓の脂肪酸 β 酸化と脂肪酸合成に与える影響

ゴマリグナンが種々の優れた生理機能を有することから，Yasumoto と Katsuta[39]は，多収量ゴマ系統 TOYAMA016 とリグナン含量は高いが収量の少ない H65 との交配・選抜により，多収量でリグナン含量の高いゴマ（"ごまぞう"）の開発を行った．このゴマ系統種子のセサミンとセサモリン含量は在来種の約 2 倍以上で，種子の収量は従来の品種と同等である．この高リグナンゴマと在来種（真瀬金）がラット肝臓の脂肪酸代謝に与える影響を比較した．ゴマの飼料への添加（20％）は種々の脂肪酸酸化系酵素の活性を増加させたが，増加の程度は高リグナンゴマで在来種よりも大きかった（図 4.23）[30]．"ごまぞう"に引き続き高リグナン系統のゴマとして種皮の色が異なる"まるひめ"と"まるえもん"が同様に交配育種により開発された．"ごまぞう"と"まるひめ"は脂溶性リグナンとしてセサミンとセサモリンを約 2：1 の割合で含むが，"まるひめ"はセサミンがほとんどでセサモリンをほとんど含まない．これら，新たに開発された高リグナンゴマも在来種よりも強くラット肝臓の脂肪酸酸化活性を増加させた[33]．以上のように高リグナンゴマは在来種と比較し，より強く脂肪酸 β 酸化系を誘

4.4 ゴマリグナンの脂肪酸代謝への影響

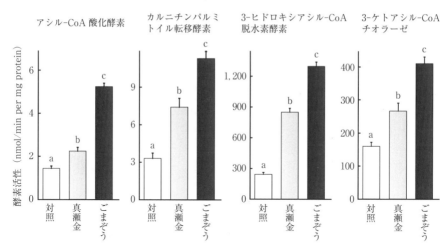

図 4.23 高リグナンゴマがラット肝臓の脂肪酸酸化系酵素の活性に与える影響[30)]
値は平均値±標準誤差を示す．同じ英文字を共有しない値の間には $p<0.05$ で有意差があることを示す．

導する機能があることが確認された．またDNAマイクロアレイを用いた研究は，"ごまぞう"が肝臓の遺伝子発現プロファイルに与える影響は，精製した脂溶性リグナン（セサミン，エピセサミンおよびセサモリン）で引き起こされる変化とよく一致することを明らかにした[14)]．この結果は高リグナンゴマの在来種と比較しての強い生理作用は脂溶性リグナン（セサミンとセサモリン）含量の違いに起因することを示唆している．しかし，高リグナンゴマの強い脂肪酸酸化誘導作用は必ずしも脂溶性リグナン含量の違いのみでは説明できない．すなわち，ゴマ摂取では精製リグナン摂取時と比較して，肝臓，血清中のリグナン（セサミンとセサモリン）量がきわめて少ない．これはおそらく，リグナン吸収率がゴマとして与えた場合に低いためと思われる．しかし，これにもかかわらずゴマを与えた場合，精製脂溶性リグナンを与えた場合に匹敵する脂肪酸酸化活性上昇作用が観察される．また，"まるえもん"は含まれる脂溶性リグナンのほとんどが脂肪酸酸化誘導活性が低いセサミンであるにもかかわらず，"ごまぞう"と"まるひめ"に匹敵する脂肪酸酸化活性上昇作用を示す．これらの結果はゴマの脂肪酸酸化活性上昇作用に脂溶性リグナンに加えてセサミノール配糖体あるいは他の未知成分も関与する可能性を示している．

4.4.3 コレステロール代謝と血清脂質濃度・動脈硬化に及ぼすゴマリグナンの影響

a. ゴマリグナンが血清と組織脂質濃度に与える影響—動物実験での結果

ゴマリグナンが血清と組織脂質濃度に与える影響に関する研究では，そのほとんどでリグナン標品としてセサミン/エピセサミン混合物が用いられている．表4.3に主な文献で得られた知見についてまとめた．その多くはラットを実験動物として用い調べたものである．

リグナンに脂質低下作用がないとの報告もあるが，数多くの論文でリグナン(セサミン/エピセサミン混合物)が血清，肝臓のコレステロール，TG濃度を低下させることが報告されている．高コレステロール添加食でもコレステロール無添加条件下でもコレステロール濃度低下作用が観察されている．なお，リグナンが脂質代謝に与える影響に関して，用いた実験動物種により作用が異なり，脂質低下作用はラットでは観察されるが，マウスとハムスターでは認められない[20]．これは，セサミン/エピセサミンの代謝異化速度の違いに基づくと推論されている．

ラット血清と肝臓の脂質レベルに与える影響に関して，セサミン，エピセサミンおよびセサモリンで明確な差はないようである[13,19,22]．

また，ゴマ油が乳脂肪に比較して，低密度タンパク質（LDL）受容体欠損マウスのコレステロール，TG濃度を低下させ，アテローム性動脈硬化巣の面積を大きく低下させることが観察されている[4]．この作用にゴマ油に含まれるPUFAとともに抗酸化性リグナンが関与していると考察されている．

b. ゴマ，ゴマ油およびゴマリグナンがヒトの血清コレステロール濃度に与える影響

リグナンがヒトの血清脂質に与える影響を見た論文はHirataら[9]の報告が唯一である．この実験ではセサミン/エピセサミンを最初の4週間1日32 mgの用量で高コレステロール血症の患者に投与し，次の4週間では1日64 mg投与している．その結果，実験8週目において血清の総およびLDLコレステロール濃度の有意な低下が観察されている（図4.24）．

また閉経後の女性にゴマを1日50 gの用量で5週間投与すると血清総コレステロール濃度が5%，LDLコレステロール濃度が10%低下した[38]．同様にゴマを1日40 gの用量で60日間投与すると高脂血症患者の血清総コレステロールおよ

び LDL コレステロール濃度が有意に低下した[1]. 一方でゴマ油 (1 日 22.5 g の用量で 4 週間)[21] あるいはゴマ (1 日 25 g の用量で 5 週間)[37] の投与がヒトの血清脂質濃度に影響を与えないとする報告もある. 最近, ゴマ油がヒトの血漿コレステロール濃度を低下させるだけでなく, 抗糖尿病効果をも示すことが観察されている[28].

c. ゴマリグナンがコレステロール代謝に与える影響

セサミン/エピセサミン混合物のコレステロール低下作用の機構に関連して, Hiroseら[10] はラットを用いコレステロールを含むエマルジョンにセサミン/エピセサミンを添加し胃内へ投与するとコレステロールのリンパへの吸収が大きく低下することを観察している (図 4.25 A). この観察と一致して, 飼料へのセサミン/エピセサミンの添加 (0.5%) は高コレステロール食摂食ラットにおいて糞中への中性ステロイド排泄を大きく増加させた. また, セサミン/エピセサミンはコレステロールのミセル溶解性を低下させる. さらに, ラット肝臓においてコレステロール合成の律速酵素 3-ヒドロキシ-3-メチルグルタリル -CoA (HMG-CoA) 還元酵素の活性を低下させることも示されている (図 4.25B).

この観察に関連して, セサミン/エピセサミンがラット平滑筋細胞のコレステロール合成を抑制することが報告されている[35]. コレステロール合成系酵素および LDL 受容体の遺伝子発現は転写因子 SREBP-2 により制御されているが, セサミン/エピセサミン混合物のこれら遺伝子の発現に与える影響は複雑である[11]. ラットにセサミン/エピセサミン混合物 0.2 および 0.4% 添加食を与えた場合, HMG-CoA 還元酵素と LDL 受容体の発現はリグナン添加量に依存して減少するが, 他の SREBP-2 依存性遺伝子 (細胞質 HMG-CoA 合成酵素, ファルネシルピロリン酸合成酵素およびスクアレン合成酵素) の発現量にはそのような変化が見られない. SREBP-2 の発現量にもリグナンの影響は認められない. このように, リグナンによる HMG-CoA 還元酵素発現低下に SREBP-2 シグナル伝達系が関与するかは不明である.

なお, 血清コレステロール濃度低下効果は, α-トコフェロールとの併用により強められるが, 抗酸化作用の相乗効果によるものと推定されている[23].

コレステロールの胆汁酸への異化速度の変化は, 体内コレステロール濃度に影響を与える大きな要因である. しかし, セサミン/エピセサミンは胆汁酸合成の

表4.3 ゴマリグナンが肝臓と血清のコレステロール

実験動物	リグナン	実験条件
雄 Sprague-Dawley (SD) ラット	ゴマ油抽出物（リグナン含量62%（セサミン/エピセサミンが主成分）)	リグナンとして，0.02 あるいは 0.2% 添加．食餌脂肪として月見草油脂あるいは紅花油を使用（10%）した精製飼料．3週間の投与
雄 Wistar ラット	セサミン/エピセサミン	chol 無添加あるいは添加（0.5%）した精製飼料あるいは市販飼料．リグナンは 0.5% 添加．4週間の投与
雄 SHRSP ラット	セサミンとエピセサミン	市販飼料およびこれに chol(1%)および胆汁酸(0.25%)を添加した高 chol 食．リグナンは 0.15% 添加．4週間の投与
雄 Wistar ラット	セサミン/エピセサミン	高 chol 食（1%）．リグナンは 0.05 あるいは 0.2% 添加した精製飼料．α-トコフェロールを 0〜1% 同時添加．13日間の投与
雄 SD ラット	セサミン/エピセサミン	精製飼料．リグナンは 0.1〜0.5% 添加
雄 SD ラット	セサミン/エピセサミン	0.2% chol 添加精製飼料．リグナンは 0.4% 添加．4週間の投与
雄 SD ラット	セサミンとエピセサミン	リグナン 0.2% 添加精製飼料．15日間の投与
雄 ICR マウス，雄 SD ラットおよび雄 Golden Syrian ハムスター	セサミン/エピセサミン	リグナン 0.2% 添加精製飼料．15日間の投与
雄 SD ラット	セサミン/エピセサミン	リグナン 0.2% 添加精製飼料．15日間の投与．食餌脂肪として，パーム油，サフラワー油あるいは魚油を使用．15日間の投与
LDL 受容体ノックアウトマウス	セサミン	リグナン 0.0001% 添加精製飼料．4週間の投与
雄 Charles Foster ラット	セサミン/エピセサミン	アロキサン糖尿．リグナン 0.5% 添加精製飼料．4週間の投与
雄 SD ラット	セサミンとセサモリン	精製飼料．セサミンあるいはセサモリンの 0.06 および 0.2% 添加食およびセサミンとセサモリン同時添加食（それぞれ 0.14% と 0.06%）．10日間の投与
雄 SD ラット	セサミン，エピセサミンおよびセサモリン	リグナン 0.2% 添加精製飼料．10日間の投与
雄 SD ラット	セサミン	精製飼料．chol（1%）および胆汁酸（0.25%）を添加した高 chol 食．リグナンは 0.2% 添加．α-トコフェロールを 0 あるいは 1% 同時添加．10日間の投与

chol：コレステロール，TG：トリアシルグリセロール．

4.4 ゴマリグナンの脂肪酸代謝への影響

およびトリアシルグリセロールレベルに与える影響

結果	文献
月見草油脂を用いた飼料群で肝臓 chol 濃度がリグナン 0.2% 添加で減少	Sugano ら[31]
血清 chol 濃度は chol 添加精製飼料および市販飼料群で低下．肝臓 chol 濃度はいずれの条件でも低下．高 chol 食へのリグナンの添加は肝臓 TG 濃度を低下	Hirose ら[10]
いずれの条件でも血清 chol および TG 濃度に有意な低下はなし	Ogawa ら[24]
リグナン単独では 0.2% 添加で血清 chol 濃度が有意に低下．α-トコフェロール同時添加で低下作用が増強．同時添加食ではリグナン 0.05% で有意に低下．血清および肝臓 TG 濃度にはリグナンの影響はなし	Nakabayashi ら[23]
血清 chol 濃度は 0.1 および 0.2% リグナン添加で減少．肝臓 chol 濃度は 0.5% リグナン添加で減少．血清 TG 濃度はリグナン 0.2 および 0.5% 添加で減少	Ashakumary ら[3]
肝臓 chol 濃度が有意に低下	Kamal-Eldin ら[18]
セサミンおよびエピセサミン，両者とも血清 chol および TG 濃度を低下	Kushiro ら[19]
ラットでのみ血清 chol および TG 濃度が低下	Kushiro ら[20]
血清 chol および TG 濃度はリグナンによりすべての脂肪群で低下．肝臓 chol および TG 濃度はパーム油およびサフラワー油群で減少	Ide ら[12]
血清 chol および TG 濃度に変化なし	Peñalvo ら[25]
血清 chol および TG 濃度がリグナンにより低下．肝臓 chol 濃度は変化なし．肝臓 TG 濃度は低下	Dhar ら[5]
血清 chol 濃度はセサモリン 0.06% 添加食を除いたすべてのリグナン添加群で低下．血清 TG 濃度はすべてのリグナン添加群で減少．肝臓 chol および TG 濃度はすべてのリグナン添加群で減少	Lim ら[22]
血清 chol 濃度はセサミンおよびエピセサミンで低下．血清 TG 濃度は全リグナン添加群で減少．肝臓 chol 濃度は全リグナン添加群で低下．肝臓 TG 濃度はセサミンおよびエピセサミンで低下	Ide ら[13]
血清 chol 濃度はセサミン，α-トコフェロール同時添加群で低下，セサミン単独では効果なし	Rogi ら[26]

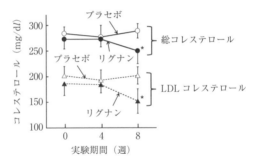

図 4.24 ヒト血漿の総コレステロールおよび LDL コレステロール濃度に与えるセサミン/エピセサミンの影響（Hirata ら[9] を改変）
*プラセボ群の値と比較して有意差があることを示している（$p<0.05$）.

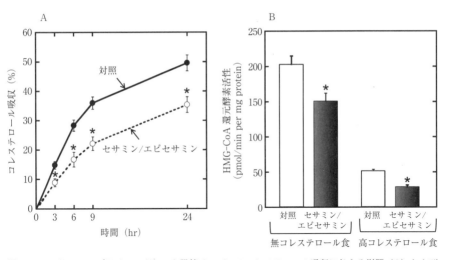

図 4.25 セサミン/エピセサミンがラット腸管リンパへのコレステロール吸収に与える影響（A）および肝臓の HMG-CoA 還元酵素活性に与える影響（B）（Hirose ら[10] を改変）
値は平均値±標準誤差を示す．*対照群での値と比較して有意差があることを示している（$p<0.05$）.

律速酵素であるコレステロール 7α-水酸化酵素の活性と糞中への胆汁酸排泄量に影響を与えない[10]．よって，胆汁酸への異化速度の変化はコレステロール低下作用に関与していないようである．

〔井手　隆・菅野道廣〕

文 献

1) Alipoor, B. et al. (2012). Int. J. Food Sci. Nutr., 63, 674-678.
2) Arachchige, P. G. et al. (2006). Metabolism, 55, 381-390.
3) Ashakumary, L. et al. (1999). Metabolism, 48, 1303-1313.
4) Bhaskaran, S. et al. (2006). J. Med. Food, 9, 487-490.
5) Dhar, P. et al. (2007). J. Agric. Food Chem., 55, 5875-5880.
6) Fujiyama-Fujiwara, Y. et al. (1992). J. Nutr. Sci. Vitaminol., 38, 353-363.
7) Fujiyama-Fujiwara, Y. et al. (1995). J. Nutr. Sci. Vitaminol., 41, 217-225.
8) Gu, J. Y. et al. (1995). Biosci. Biotechnol. Biochem., 59, 2198-2202.
9) Hirata, F. et al. (1996). Atherosclerosis, 122, 135-136.
10) Hirose, N. et al. (1991). J. Lipid. Res., 32, 629-638.
11) Ide, T. et al. (2001). Biochim. Biophys. Acta., 1534, 1-13.
12) Ide, T. et al. (2004). Biochim. Biophys. Acta., 1682, 80-91.
13) Ide, T. et al. (2009). J. Nutr. Sci. Vitaminol., 55, 31-43.
14) Ide, T. et al. (2009). Forum. Nutr., 61, 10-24.
15) Ide, T. (2012). J. Clin. Nutr. Biochem., 51, 241-247.
16) Ide, T. et al. (2013). Eur. J. Nutr., 52, 1015-1027.
17) Ide, T. et al. (2012). Br. J. Nutr., 108, 1980-1993.
18) Kamal-Eldin, A. et al. (2000). Lipids, 35, 427-435.
19) Kushiro, M. et al. (2002). J. Nutr. Biochem., 13, 289-295.
20) Kushiro, M. et al. (2004). Br. J. Nutr., 91, 377-386.
21) Lemcke-Norojärvi, M. et al. (2001). J. Nutr., 131, 1195-1201.
22) Lim, J. S. et al. (2007). Br. J. Nutr., 97, 85-95.
23) Nakabayashi, A. et al. (1995). Int. J. Vitam. Nutr. Res., 65, 162-168.
24) Ogawa, H. et al. (1995). Clin. Exp. Pharmacol. Physiol. Suppl., 22, S310-312.
25) Peñalvo, J. L. et al. (2006). Eur. J. Nutr., 45, 439-444.
26) Rogi, T. et al. (2011). J. Pharmacol. Sci., 115, 408-416.
27) Sakono, M. et al. (2002). J. Nur. Sci. Vitaminol., 48, 405-409.
28) Sankar, D. et al. (2011). Clin. Nutr., 30, 351-358.
29) Shimizu, S. et al. (1991). Lipids, 26, 512-516.
30) Sirato-Yasumoto, S. et al. (2001). J. Agric. Food Chem., 49, 2647-2651.
31) Sugano, M. et al. (1990). Agric. Biol. Chem., 54, 2669-2673.
32) Sugano, M. et al. (2001). Biosci. Biotechnol. Biochem., 65, 2535-2541.
33) 鈴木菜津子他 (2012). 高リグナンゴマの脂質代謝制御機能. 第66回日本栄養・食糧学会大会講要, p. 126.
34) Umeda-Sawada, R. et al. (1994). Biosci. Biotechnol. Biochem., 58, 2114-2115.
35) Umeda-Sawada, R. et al. (2003). J. Nutr. Sci. Vitaminol., 49, 442-446.
36) Utsunomiya, T. et al. (2000). Am. J. Clin. Nutr., 72, 804-808.
37) Wu, J. H. et al. (2009). Nutr. Metab. Cardiovasc. Dis., 19, 774-780.
38) Wu, W. H. et al. (2006). J. Nutr., 136, 1270-1275.
39) Yasumoto, S., Katsuta, M. (2006). JARQ, 40, 123-129.

4.5 ゴマリグナンの健康機能

ここでは,他の項ではふれられていないゴマリグナンの種々の健康機能について紹介したい.

a. 血圧降下作用

セサミン/エピセサミン混合物に血圧降下機能が観察されている.酢酸デオキシコルチコステロン(DOCA)食塩負荷高血圧ラット[5,6]など種々の高血圧ラットモデルで,セサミン/エピセサミン0.1～1%添加飼料の投与は血圧を低下させるとともに,大動脈壁や腸間膜動脈壁の肥厚を抑制し,さらに高血圧ラットで見られる腎臓の組織学的異常を抑制する.酸化ストレスの抑制がこの血圧低下効果の原因と推論されている.DOCA食塩負荷高血圧ラットでは,動脈でスーパーオキシド産生にかかわるNADPHオキシダーゼの活性とその酵素サブユニットのmRNA量が増加するがセサミン/エピセサミンの投与はこの上昇を抑制する.また軽度の高血圧者を被験者とした二重盲検,クロスオーバー,プラセボ対照比較試験で,セサミン/エピセサミンの4週間投与(60 mg/日)は収縮期および拡張期血圧値を有意に低下させた[7].

b. 抗がん作用

細胞レベルの実験で,セサミンが種々のヒト由来がん細胞のアポトーシスや細胞増殖・血管新生能の抑制[8]を引き起こすことが報告されている.動物を用いた実験ではセサミン/エピセサミンが飼料添加レベル0.2%で7,12-ジメチルベンズ(a)アントラセンで誘導される乳がんの発症を抑制するが[3],酸化ストレスの抑制と免疫系の活性化がこの原因であると推察されている.また,セサミン/エピセサミン0.1%添加飼料は胸腺欠損マウス(ヌードマウス)でヒト乳がん細胞の増殖を抑制する[9].さらに,セサミノール配糖体はアゾキシメタン投与ラット大腸で,前がん病変である異常腺窩巣およびβ-カテニン蓄積変異巣の発生を抑制することも報告されている.

c. 神経細胞の機能に与える影響

ゴマリグナンは神経細胞に保護作用を示す.神経細胞モデルであるPC12細胞あるいはマウスBV-2小グリア細胞を低酸素状態におくと,乳酸脱水素酵素の漏

洩と活性酸素産生誘導が観察されるが,セサミンとセサモリンはこれらを低下させる.また,PC12細胞においてセサミンはごく微量でパーキンソン病を惹起する薬剤である1-メチル-4-フェニル-ピリジンによって引き起こされる細胞死を抑制する.これには酸化ストレスに関連する酵素の発現変化が関与するようである.セサミンはチロシン水酸化酵素の誘導を介してPC12細胞のドーパミン合成を促進する.さらに,ドーパミン前駆体であるL-3,4-ジヒドロキシフェニルアラニンは活性酸素の発生を亢進することで細胞毒性を示すが,セサミンはこれを抑制する.また,PC12細胞で高濃度のグルコースは活性酸素レベルの上昇を伴い,細胞のアポトーシスを引き起こすが,セサミンは抑制作用を示す.セサミンは生体内に吸収された後,水酸基をもつ化合物に代謝される.これらセサミンの代謝産物がPC12細胞において神経分化を引き起こす.Fujikawaら[2]はロテノンにより誘導されるラットパーキンソン病モデルにおいて,セサミンがその神経症状(動作緩慢および強直症(カタレプシー))を抑制することを示している.

d. アルコール毒性に対する防御効果

セサミン/エピセサミン混合物はアルコール代謝に影響を与え,アルコール摂取の弊害を緩和するようである.アルコール摂取は,マウスにおいて血清のトリアシルグリセロールとビリルビン濃度およびアスパラギン酸アミノトランスフェラーゼとアラニンアミノトランスフェラーゼ活性を上昇させ,脂肪肝を惹起するが,セサミン/エピセサミン1%添加飼料の投与はこれらのアルコール毒性を抑制した[1].セサミン/エピセサミンは肝臓でアルコール代謝を促進し,よってその毒性を緩和すると考えられる.ヒトでも同様の効果を示すようである.

e. その他

セサミンがB16メラノーマ細胞のメラニン合成を促進することが示されている.反対に,セサモールはB16F10メラノーマ細胞のメラニン合成を抑制する.また,セサミン/エピセサミンおよびゴマの投与がアスコルビン酸のラット肝臓と腎臓での濃度と尿中排泄量を増加させるが,これはアスコルビン酸合成系酵素の発現上昇によると思われる[4].ニコチン投与は,ラットで血清脂質上昇,脂質過酸化の亢進,組織のDNA損傷などを引き起こすが,セサミン/エピセサミンはこれを抑制する.

〔井手 隆・菅野道廣〕

文　献

1) Akimoto, K. *et al.* (1993). *Ann. Nutr. Metab.*, **37**, 218-224.
2) Fujikawa, T. *et al.* (2005). *Biol. Pharm. Bull.*, **28**, 169-172.
3) Hirose, N. *et al.* (1992). *Anticancer. Res.*, **12**, 1259-1265.
4) Ikeda, S. *et al.* (2007). *J. Nutr. Sci. Vitaminol.*, **53**, 383-392.
5) Kita, S. *et al.* (1995). *Biol. Pharm. Bull.*, **18**, 1283-1285.
6) Matsumura, Y. *et al.* (1995). *Biol. Pharm. Bull.*, **18**, 1016-1019.
7) Miyawaki, T. *et al.* (2009). *J. Nutr. Sci. Vitaminol.*, **55**, 87-91.
8) Tanabe, H. *et al.* (2011). *Int. J. Oncol.*, **39**, 33-40.
9) Truan, J. S. *et al.* (2012). *Nutr. Cancer.*, **64**, 65-71.

4.6　インド伝統医学におけるゴマ油の活用
－薬用ゴマ油を使ったオイルマッサージの複雑な作用機序－

4.6.1　ゴマ油を主に外用するインド伝統医学の合理性

　ゴマは，食品として古来から世界中で珍重されてきた．しかし，2000年以上の歴史を誇るインド伝統医学アーユルヴェーダでは，ゴマ自体を食するよりも，ゴマ油を医療用に外用することがほとんどである[8]．たとえば，ゴマ油に種々の薬草の煎じ液を入れ，場合によっては1週間近く混沸させ，脂溶性成分をゴマ油に溶け込ませて作った薬用ゴマ油を，疲労回復や病気の治療の目的でオイルマッサージや，薬用浣腸，点鼻，点耳などに使う[5]．

　疲労回復や疾病治療などには温泉を活用する日本などの「お湯の治療文化圏」と違い，インドや，スリランカ，タイ，古くはギリシャ，エジプトなどでは，オイルの皮膚へのマッサージがよく行われ，「油の治療文化圏」と呼ぶことができる．たとえばエジプトでは，ミイラの皮膚にゴマ油とヘンナ（和名：シコウカ）というハーブのペーストが塗られ，ミイラの保存効果を高めることがなされていた．インドでは，紀元前7〜11世紀，ヒポクラテスの活躍した紀元前5世紀よりさかのぼること約200年以上前から，オイルとりわけゴマ油が病気の治療のために使われていた．『アグニヴェーシャ・サンヒター』（紀元前11世紀の内科学書）や『スシュルタ・サンヒター』（紀元前7世紀の外科学書）などには，オイルを利用した治療法が数多く記載されている[8]．ゴマ油は，アーユルヴェーダの基礎概念のなかで，ヴァータと呼ばれる老化をきたすエネルギーを鎮静させる作用が強く，

その結果，健康増進効果をもつものとして珍重されてきた．
　しかし，ゴマ油の内服などは，オイルが消化の負担になることが多いため，ほとんどインドではなされない[5,8]．オイルの内服によるゴマ油の作用については，ゴマリグナンなど含まれる成分の吸収動態などが研究されているが，ゴマ油の外用による含有成分の動態や作用についての研究は，ほとんどなされていない．現代医学的な観点から，皮膚は親油性成分の経皮吸収に適した組織である．後述するように，ゴマ油に溶け込んだ薬用成分を皮膚から吸収させるには，アーユルヴェーダで行われているゴマ油による皮膚のオイルマッサージは，合理的な方法といえる．

4.6.2　アーユルヴェーダの歴史と基礎理論，ゴマやゴマ油の位置づけ

　現存する4つの大きな伝統医学［中国医学，アラビア医学（ユナニ医学），チベット医学，インドやスリランカの伝統医学（アーユルヴェーダ）］のなかで最も古いアーユルヴェーダの原義は「アーユス（生命）」と，「ヴェーダ（知識）」が合わさってできたサンスクリット語で，「生命の科学」という意味である．つまり，アーユルヴェーダとは「生命の科学」として，生命のあらゆる方面に関する体系的な知識であり，病気の治療のみならず，健康の維持・増進に関する理論と方法をもっている．独自の"科学的な"理論に基づいてオイルが使用されており[5,8]，ゴマ油など植物性油脂に限らず，動物性油脂も使い分けられている．
　アーユルヴェーダの基礎理論では，人体内では3つのエネルギーが生命活動を支えていると考えている．3つとは，風，火，水のエネルギーのことで，これらは「ドーシャ（不純なもの，病素）」と総称されている．風のエネルギーは運動を司る「ヴァータ・ドーシャ」，火のエネルギーは変換を司る「ピッタ・ドーシャ」，水のエネルギーは構造維持を司る「カファ・ドーシャ（あるいはカパ・ドーシャ）」である．これら3つのドーシャがバランスよく体内で働くことで健康が維持・増進され，アンバランスになれば，体内にアーマ（未消化物）と呼ばれる毒素が発生して，病気や老化が進展してくると考えている[5,8]．
　古典『チャラカ・サンヒター』（1世紀）には，まずゴマ自体に関する記述として，「ゴマは，潤性・熱性で甘味，苦味，渋味，辛味を備え，皮膚によく，毛髪によく，力を与え，ヴァータを抑え，カファとピッタを増大させる」（チャラカ・サンヒター

第1巻第27章30）とある[13]．しかし，ゴマ自体を治療に使うことは，インドではほとんどない．次に，ゴマ油に対しては，「ゴマ油は，ヴァータを減し，カパを増大させず体力を増大させ，皮膚によく，温性であり，四肢を堅固にし，子宮を浄化する」（チャラカ・サンヒター第1巻第13章15）とある[13]．また，「ゴマ油は，潜在的な味として渋味を持つ．普通の状態では甘味あり，きめ細かく，熱性で，浸透性を持つ．ピッタを増大させるが，便と尿を停滞させ，カパを増大させない．またヴァータを除去するものの中では最も優れ，体力を与え，皮膚によく，知性と消化の火を増加させ，その用い方と調理法によって全ての病気を除去するものとなる．その昔，悪魔の主達は，ゴマ油を常用することによって老衰することなく，病気を離れ，疲れを克服し，戦いにおいて極めて強力になった」（チャラカ・サンヒター第1巻第27章286-288）と，ゴマ油を絶賛している[13]．

さらに，ゴマ油が効果をもつ病気として，「脂肪の多い人（肥満症），喉や腹が大きくたるんでいる人，ヴァータ性の病気を持っている人（老化現象，循環器疾患，神経疾患など），ヴァータ体質の人（やせ型の人），体力増進・痩せること・減量・強靭さ・四肢の堅固さ・皮膚のつややかさと柔らかさと鋭敏さを望む人，寄生虫保持者，便秘の人，痔ろうに苦しんでいる人」（チャラカ・サンヒター第1巻第13章44-46）としている[13]．内服か外用（オイルマッサージ）かの指示はないが，実際行われていたのはほとんど，外用のオイルマッサージであった．むしろ，ゴマ油は経口投与すると消化するのに時間がかかり，未消化物（アーマ）を作るもとになるため，皮疹や寄生虫病などをきたすという．実際，皮膚病の代表的な原因の一つに，ゴマやゴマ油の過用もあげられている[2,10]．

4.6.3 古典的なゴマ油の作用や副作用を説明する現代医学的研究結果

現代医学的な最新の仮説では，老化現象は活性酸素による細胞傷害によるとする説が有力である．そうであれば，アーユルヴェーダでいうヴァータの増大とは，活性酸素の増大に相当することが考えられる．つまり，ヴァータ（風のエネルギー）とは，酸化反応を起こすエネルギーと考えられる．ゴマ油がヴァータの増大を抑えるとするアーユルヴェーダの考え方は，ゴマ油が抗酸化作用をもつとする現代医学的な結果[3,4,9]とうまく符号している．また，熱を過剰にしてしまい，体質によっては発赤や皮疹をきたすというゴマ油の副作用も，ゴマ油中のアラキドン酸

代謝系に影響する物質[11]による炎症惹起的な反応であることも推定できる．あるいは，ゴマ油のなかのアラキドン酸代謝系の物質が血管拡張などの作用をもたらすために起こることも推定される．

4.6.4 薬用ゴマ油の吸収動態や作用に関する研究

アーユルヴェーダでは，健康増進のためにパンチャカルマ（「5つの治療法」の意味）と呼ばれる浄化療法を行う．この治療は，宿泊しながら2週間以上，体質や病気に応じた一定の治療を毎日施すものだが，その過程で，体質や状態に応じ，薬用ゴマ油が，主にオイルマッサージに使われる．さらには浣腸や点鼻，点耳などに大量に使われる[5,8]．

そのようなパンチャカルマによる浄化療法を1年間に2～4週間行った人たちは，平均4.8歳肉体年齢（生物学的年齢）が若くなるという欧米のパイロットスタディの結果も報告されている[12]．

これらの薬用ゴマ油は，総計400種類以上あるといわれているが，これらは，たいてい加熱しないで搾油した生しぼりのゴマ油に種々の異なる薬草を加え，それぞれ異なる薬草の成分をゴマ油で抽出したものである[12]．一般的に薬用ゴマ油の調製法には3種類があり[1,7]，処理方法によって効果や用途も異なる[1]．処理方法によってゴマリグナンの濃度も異なることも報告されている．また，薬用ゴマ油自体のPAO値（potential antioxiant：Cuの酸化を指標にみた抗酸化能）も，種々であることが報告されている．

筆者らは，薬用ゴマ油によるオイルマッサージ（腹部，両手足）の研究を行い，ゴマサラダ油に3％溶け込ませたラベンダー精油成分の経皮吸収動態と，心理・生理学的作用の関係を調査して，単なるゴマ油の場合と異なる結果を得た[6]．薬用ゴマ油からの精油成分（酢酸リナリルとリナロール）の経皮吸収は，受療者の平均値では，施術5分目から始まり，30分目にピーク（酢酸リナリル128 ng/ml，リナロール63 ng/ml）に達した．施術終了60分目で，酢酸リナリル濃度は半減し，リナロール濃度は1/7まで低下した[6]．さらに，受療者での血漿酢酸リナリル濃度は，活力，最低血圧，心拍変動解析による副交感神経指標，血清総脂質の変化と有意な相関性を示した．ただ，ゴマサラダ油のみによるオイルマッサージだけでも，リフレッシュ度，リラックス度，活力の増進と最高・最低血圧の低

下，中性脂肪とNEFAの低下を示した．また，受療者の血清酸化指標のPAOは，プレーンのゴマ油によるオイルマッサージの場合にだけ低下を示した．ゴマリグナンの吸収動態については測定していないが，ゴマ油によるオイルマッサージが，成分の経皮吸収だけでなく，マッサージによる生理的作用や心理的作用を発揮することでpharmaco-physio-psychotherapyと呼べる複雑な作用機序をもつ合理的な方法であることが推定された．　　　　　　　　　　　　　　　　〔上馬場和夫〕

文　献

1) Dash, B. (1992). Massage Therapy in Ayurveva, Concept Publishing Company.
2) Devaraj, T. L. (1980). The Panchakarma Treatment of Ayurveda, Subhas Publications.
3) Fukuda, Y. *et al.* (1985). *Agric. Biol. Chem.*, **49**(2), 301-306.
4) 福田靖子（1990）．日食工誌，**37**(6), 484-492.
5) 上馬場和夫（1992）．なぜ人は病気になるのか，出帆新社．
6) 上馬場和夫他（2014）．アロマテラピー学雑誌，in press.
7) Kodama, K. *et al.* (1991). *Ancient Sci. Life*, **IX**, (3 & 4), 153-157.
8) クリシュナ，U. K. (1992). アーユルヴェーダ健康法，春秋社．
9) 並木満夫・小林貞作編（1989）．ゴマの科学，朝倉書店．
10) Sharma, R. K. *et al.* (1972). Chowkhanba Sanskrit Series Office.
11) Shimizu, S. *et al.* (1989). *JAOCS*, **66**(2), 237-241.
12) ワレス，R. K. (1991). 瞑想の生理学，日経サイエンス社．
13) 矢野道夫他訳（1988）．インド医学概論，朝日出版．

5 ゴマの食品加工と調理の科学

● 5.1 ゴマ利用の歴史 ●

5.1.1 世界のゴマ食文化

　ゴマは，中尾[3]によると，人類最古の農耕文化発祥地の一つ，アフリカサバンナ植生帯で雑穀やウリ類，果菜類とともに，6000年以上前に原始的栽培が始まったとされている．その後，小林[2]は大半の野生種や栽培種がサバンナ起源であることを突き止めている．

　サバンナ農耕文化は高温高日照を好む1年生草の作物を育て，種子から油を搾ることも始めた．ゴマは油脂量が50%以上と高く，種皮も比較的剝けやすいので，当時の搗く道具で油が簡単に得られただろう．その油は薬用，食用，灯火用など多様な用途に利用できた．そのうえ油を分離後のペーストゴマ（当地ではタヒーナ）は，タンパク質や脂質を豊富に含み栄養価が高い．しかも病後の回復が促進されるなどの体験も加わり，重要な食品として国の監視下で栽培が奨励されて，アフリカ北部，そしてユーラシア大陸の西から東へ，さらに世界に広がった．

　小林の「ゴマの起源と伝播経路」上に人類の四大古代文明の中心地も重なり（図5.1），炭化ゴマが大量に発掘されている遺跡もあって各文明とゴマの関係が明らかである．エジプトでは「ゴマ1粒と牛1頭を交換した」記述や，アッシリアには，「銀とゴマとの交換レート」が残っているなど，当時は貴重な種子であったといえよう．インダス文明の地では世界最古の体系化されたアーユルヴェーダ伝統医学に薬草エキス入り薬用ゴマ油が治療の中心であった．中国でも「久しく服すると，軽身不老となる」（『神農本草経』）に代表される薬効が流布し，健康機能を有する種子（黒ゴマ）としても知られていった．

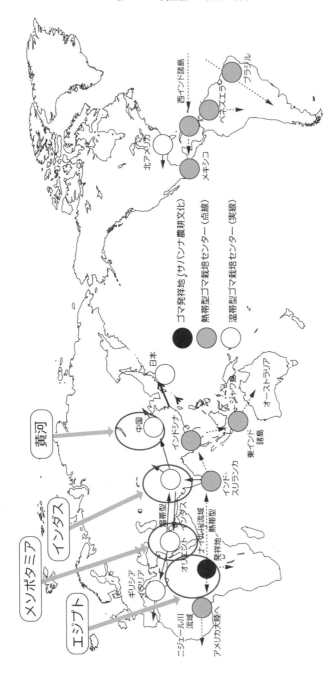

図 5.1 古代文明とゴマの発祥地・伝播経路[2]

このようなゴマの伝播過程は言語の系統からもうかがえる．インド・ヨーロッパ語族に属するサンスクリット語"tahina"のほかは，アフロ・アジア語族とも"sesame"に類似した単語が圧倒的に多い（表8.1参照）．しかし，ユーラシア大陸の西から東へと伝播する過程で，どのような食文化と出会い，融合したかなどのゴマ食文化に関する系統的研究はない．ここでは，福田と武田の調査[4]や文献資料をもとに世界のゴマ食文化を考察することとした．

a. ゴマ種子の利用

現在，世界各地の人はゴマを知っているのだろうか，どのように食べているのであろうか，1993年に質問紙調査（38か国252人）を行った（表5.1）．ゴマ種子を知っている人は回答者の95.5%，食べている人は88.0%であった．知っている人の割合は，西アジア，南アジア（インド），東アジアで特に高かったが，世界各地にゴマは広まっていた．一方，ゴマ種子を家庭に常備し調理に使用している人の割合は東アジア，南アジアで高く，次いで西アジアであった．ゴマ発祥の地アフリカ大陸の北側の地域は現在も生産地であり，ゴマを利用し，食文化もあるが，南側の地域では知られていなかった．

薬効とともに普及した東アジアや南アジアで種子の利用が定着したとも考えられる．東アジアでは「roasting」64.7%が最も多く，パン，ドレッシングなどいずれの調理にもゴマがよく利用されていることが特徴であった．南アジアで

表5.1 世界におけるゴマの知名度および利用状況

	ゴマ種子			ゴマ油	
	知名度 (%)	食用割合 (%)	家庭調理 (%)	食用割合 (%)	家庭調理 (%)
東アジア	100	98.0	82.3	98.0	98.0
東南アジア	97.4	94.7	26.3	92.1	26.3
東南アジア諸島	100	91.8	16.3	93.9	34.7
南アジア	100	100	60.0	100	60.0
西アジア	100	100	55.5	55.5	22.2
アフリカ	80.0	66.6	46.6	46.7	26.7
ヨーロッパ	97.8	76.1	13.1	56.4	15.2
北アメリカ	100	87.5	25.0	87.5	50.0
南アメリカ	83.9	77.5	9.7	64.5	9.7
平均値±標準偏差	95.5±7.8	88.0±12.0	37.2±25.0	77.2±21.1	38.1±27.6

も「roasting」が100%と高く，菓子への利用がうかがわれた．西アジアではパン88.9%，ペースト77.8%と，ペーストの利用が他地域よりも圧倒的に多かった．これらの調理に使う際にゴマを炒るかどうかの問いに，東アジアでは炒るが66.7%，使い分けるが31.4%であったのに対し，西アジアでは炒るが22.2%，炒らないが33.3%，両者を使い分けるが44.4%の回答であった．南アジアでは炒るが20%，両者を使い分けるが80%であり，ゴマを炒らないで利用する食文化地域が広範囲に存在することが明らかになった．

b. ゴマ油の利用

質問紙調査の結果，ゴマ油を食用としている回答者は77.2%でゴマ種子よりも若干少なかった（表5.1）．しかしアジアにおいては92〜100%と高く，特に東アジアでは家庭で調理によく使っていた（98.0%）．この東アジアは炒ったゴマを原料とする焙煎油を利用していたが，南アジア，西アジア，北アフリカ，ヨーロッパは未焙煎油（サラダ油）であった．焙煎油が東アジアにほぼ限定されていることがわかったが，ユーラシア大陸の西から東への伝播過程で，いつ頃，どこで，どのような食文化の影響を受けて焙煎油を使うようになったかは不明であり，今後の課題である．

c. 世界のゴマ調理とその特徴

日本で出版され，世界調理を取り扱った文献資料の調査[1,4]によると，ゴマ調理の記載は東アジアにおいて特に多かった．炒りゴマ，すりゴマ，ペーストと多彩な形態で，白ゴマ同様，黒ゴマも使われていた．中国や韓国と日本の違いは，前者は焙煎度が強く，ゴマ油との併用が多いこと，調味料的に用いることであった．南アジア（インド）では薬用油やバナスパティ（植物硬化油）に未焙煎のゴマ油を，また祭祀用の菓子にゴマ種子を利用していたが，調理に関する記載はきわめて少なかった．西アジアや近隣のアフリカは白ゴマのペーストあるいは粒ゴマの調理がほとんどで，オーストラリアと共通して，皮むき白ゴマを軽く加熱して磨砕したTahina（ゴマペースト）をソースや菓子（Halva）の材料として利用していた[5]．アフリカや西アジアでは古来から，オーストラリアは比較的新しい，白ゴマの皮むきゴマペースト文化があり，東アジアのようにゴマの独特の焙煎香を利用し，種皮の色にこだわる食文化とは一線を画していた．また北アメリカはハンバーガーなどにトッピングする皮むき白ゴマを開発し，世界中に広めた．

表5.2 世界におけるゴマ種子およびゴマ油の利用

	利用法	東アジア	西アジア（中近東）	北アメリカ
種子	種皮色	白・黒	白	白
	種皮の有無	有	無	無
	焙煎程度	強焙煎	弱焙煎〜未焙煎	未焙煎
	調理形態	粒・すりゴマ・ペースト	ペースト	粒
油	焙煎の有無	焙煎	未焙煎（サラダ油）	未焙煎（サラダ油）

　以上をもとに，世界における主なゴマ利用地域とその特徴を表5.2にまとめた．ゴマの種子とともに油をきわめてよく利用していたのが東アジアであった．ゴマを炒ることにより独特の香りを発生させ，一方ショートネスを付与させて組織破壊しやすくすることにより，その香りの強さを巧みに制御できる多様な磨砕が特徴であった．焙煎ゴマ油の濃厚なフレーバーを生かした調味料的な利用も他地域には見られなかった．西アジアなどにおける皮むきゴマのペーストは，甘味あるいは旨味とテクスチャーを巧みに活用した調理加工といえる．北アメリカやオーストラリアなど比較的新しい大陸には生の皮むきゴマをパンなどの表面につけた後，ローストするという新規な調理加工が根づいている．見た目重視の利用といえる．このようにゴマは五感で知覚しうる多彩な調理加工性を秘め，世界中で昔から食べ継がれ，食文化を形成するに至っている．

　なお，本調査は対象地域や調査数が不十分なこと，ゴマは主たる食材ではないことから文献資料がきわめて少ない点があることを付記する．

〔武田珠美・福田靖子〕

文　献

1) 福田靖子・武田珠美（1998）．ゴマ　その科学と機能性，pp.107-113，丸善プラネット．
2) 小林貞作（1986）．ゴマの来た道，岩波書店．
3) 中尾佐助（1975）．農業起源論（森下正明他編），p.399，中央公論社．
4) 武田珠美・福田靖子（1996）．日本調理科学会誌，**29**，281-291．
5) 山崎峯次郎（1976）．香辛料III，エスビー食品．

5.1.2　日本のゴマ利用と食文化

　日本へのゴマの伝播は縄文時代とされる．世界中に伝播したゴマ種子は白系や

茶系が主であり，黒ゴマはアジア地域に限定[4]されていることから，日本には中国経由でゴマが伝わったと考えられる．奈良時代に米粉や小麦粉のもちなどにゴマ油を利用した記録は残っているが，種子をどのように調理していたかは不明である．ゴマをする道具「すり鉢」は日本全土から出土され，古いものは500年頃，愛知県の遺跡[1]で発掘されている．時代が進むほどすり目が緻密になり，江戸時代になってゴマをすることができるほどになった．現在の代表的な家庭調理であるゴマあえは江戸時代以降に作られるようになったと考えられる．徳川幕府が細かい柄の裃（かみしも）を武士階級の公服と定めたところ，佐賀鍋島藩はゴマ莢の切り口を図案化した胡麻文様を採用したこともゴマが江戸時代に大切に食用されていたことを物語っている．また，昭和初期まではゴマを詠んだ俳句や短歌があることからも日本各地でゴマが栽培され，日常の風物詩であったといえる．

一方，寺院では精進料理にゴマやゴマ油をよく使っていた．平安時代に空海が開いた高野山金剛峯寺，鎌倉時代の道元による大本山永平寺，江戸時代初期，隠元による黄檗山萬福寺には特徴的な精進料理が伝承されているが，ゴマ豆腐にも共通する．道元禅師はゴマすりなどの調理も仏道修行と考え，食事係を典座という最高職とし，食への畏敬を説いた．精進料理は，日本各地の禅寺から法事などにより民間に伝承した．

こうして心身によい食物として種々のゴマ調理は家庭においても定着していった．戦後，食事内容が西洋化したことに伴い，サラダ用として1960年頃にドレッシングが登場した．現在ゴマ製品のなかでゴマドレッシングの生産量が突出しており，日本人のゴマの味への郷愁の表れとみることもできる．ゴマ調理の日本における特徴と近年における変容を追うことにする．

a. 日本における伝統的なゴマの利用形態と調理

大正から昭和初期に日本各地で作られていたゴマ調理を『聞き書日本の食生活全集』[2]から抜粋すると，ゴマ油を用いた調理はわずか1件であったのに対してゴマ種子の調理は910件であった（表5.3）．県ごとにみると8～38件の記載でばらつきはあったが，平均19.4件と日本津々浦々でゴマ種子を用いた料理[4]が作られていた．それらのゴマの色は黒あるいは白と明示されていない場合が70％以上あり，両者が適宜利用されていたと想像される．ゴマの形状はすりゴマが61％と最も多く，炒りたてのゴマをすり鉢に移し，すりこぎですりつぶす

5.1 ゴマ利用の歴史

表5.3 日本の家庭におけるゴマ調理

項　目		『聞き書日本の食生活全集』[2]		1997年調査	
		件数	(%)	件数	(%)
利用	ゴマ種子	910	(99.9)	1,210	(70.9)
	ゴマ油	1	(0.1)	497	(29.1)
	合計	911	(100)	1,707	(100)
種皮の色	黒	110	(12.1)	388	(32.1)
	白	139	(15.3)	822	(67.9)
	金	1	(0.1)	0	(0)
	不明	660	(72.1)	0	(0)
	合計	910	(100)	1,210	(100)
調理形態	すりゴマ	557	(61.2)	606	(50.1)
	粒ゴマ	334	(37.8)	540	(44.6)
	ねりゴマ	1	(0.1)	64	(5.3)
	きざみゴマ	8	(0.9)	0	(0)
	合計	910	0	1,210	(100)

（　）内の数字は各件数/合計件数×100.
1997年調査は全国9県の食物学系大学生596人対象のアンケート調査．

表5.4 全国各地におけるゴマ豆腐[2]

県名	材料の割合			加熱方法	特　徴
	ゴマ	葛	水		
山形	1合	1合	5合	丹念にかき回す	出羽三山の修験者（山伏）の食事，みたらしあんをかける
福井	1合	5勺	4合	40～50分間練る	道元禅師が永平寺の修行僧の仕事とする
滋賀	1合	1合	5合	鍋の底が見えるまでかき混ぜる	法事に作り，生姜味噌をかける
和歌山	1合	茶碗半杯	4合	糊状になってから15分以上煮る	高野山の食事，わさび醤油をかける
山口	1合	1合	4合5勺+酒5勺	練り上がってもさらに15分間練る	法事に作り，ゆずだし汁をかける
佐賀	茶碗1杯	茶碗1杯	茶碗6杯		法事に必ず作り，ゴマ醤油か酢味噌をかける

という記述が散見された．軽くすりつぶしてさらさらした状態，よくすりつぶしてねっとりし始めた状態，さらにすりつぶした滑らかなペースト状と調理に応じた多面的な利用が行われていた．なかでも季節の野菜をすりゴマであえたゴマあえは 22.1% を占め，代表的な家庭調理であったといえる．もちやおはぎなど米の調理，めんや汁ものの薬味，かきもちやあられなど保存が効く食物にもゴマが使われていた．

ゴマ豆腐は山形，福井，滋賀，和歌山，山口および佐賀県に記述があった（表 5.4）．発祥の禅寺が存在する地だけでなく，東西へと伝播したことが確認できる．その過程でアレンジされ，配合割合は文献[3]によると，葛が 1 に対してゴマが 0.5〜1.5 倍，加水量は 6〜13 倍と幅が認められ，加熱時間は 15〜120 分と多様である．山形県では黒ゴマも使われ，各地独特のたれで賞味される．

b. 近年におけるゴマ利用の動向

1997 年に実施したゴマ利用のアンケート調査結果（表 5.3）によると，ゴマ油の利用が増加した．油を用いた調理の増加に伴い，ゴマの風味を油によって付加する調理法が浸透したものと思われる．家庭で作るゴマ種子の調理は昔より種類が減ったが，依然としてゴマあえが 45.5% とトップであり，ゴマの形状別にみるとすりゴマの利用が全体の 50.1% と最多であった．赤飯にふりかけるが 19.8% と続き，粒状のゴマの利用が 44.6% と増えていた．手軽さと見かけ重視の調理が多くなったとも考えられる．ねりゴマの利用は若干増加していたが，最近の調理書にはねりゴマを用いた調理がさらに目立つようになった．ペースト状のゴマの味に慣れてきて，ゴマが体によいことも浸透し，積極的に利用しようという表れであろう．ゾルあるいは液状の食品や調味料に混ぜて使う調理法が散見される．

また，ゴマドレッシングなどのゴマ入り製品が多く消費されるようになった現状を受けて，2008 年にアンケート調査[5]を行った．消費者がゴマ入り製品を購入する動機，利用状況（よく，時々，まれに等），その製品に含まれると推測されるゴマ量を質問項目とし，主婦などの購入層を対象とした．最もよく利用されていたゴマ入り製品はゴマドレッシングで，次いでゴマだれであった．いずれも購入の動機としては「味がよい」が半数，「健康によい」が 20% 程度，「便利がよい」が 10% 程度であった．「健康によい」という意識はゴマリグナンによる健

康増進効果に基づくものと考えられるが，その効果はゴマの含有量により左右される．現在，ゴマ入り製品中のゴマ量に関する表示はなく，情報がほとんどないため，消費者は食味からゴマ量を推測し，健康増進効果の大きさを判断していると思われる．消費者の推測値を調べた[5]ところ，ゴマドレッシング，ゴマだれともに 20% くらいのゴマが入っているという回答が 40% と多く，50% 以上の回答数と合わせると半数を超えた．実際に含まれるゴマ量は不明であるので，筆者らは日常の食品としてはゴマに特異的に含まれるリグナンを指標とする新測定法を試みた．ゴマリグナンのうち，量的にも多く含まれ，化学的に安定なセサミンをゴマ入り製品から抽出定量し，ゴマ量に換算した．その結果，市販のゴマドレッシング 11 種類には 2.0〜15.0%，ゴマだれ 4 種類には 22.0〜29.3% のゴマが含まれることがわかった．消費者はドレッシングに含まれるゴマ量を多めに見積もっており，食味からゴマ量の判断は困難であるといえる．"ゴマ入り"表示の製品中のゴマ量の表示は必要である．

市販ゴマ豆腐に含まれるゴマ量について消費者の推測は 50% 以上が 25%，20% くらいが 29% であったが，実験値は 14.8% であった．これはゴマの風味が強く，腰の強い独特のテクスチャーによるものと考えられる．量販されるゴマ豆腐はねりゴマを使用しているものと推察される．ねりゴマの使用は古来から，十分にすったゴマに水を加えて濾したゴマ乳に本葛デンプンを加えて加熱攪拌により凝固させる方法よりも簡便で，ゴマ濃度を高められる．本物の味との共存を考える時期であると思われる．

健康増進のために，質的，量的に満足できるゴマの調理加工をさらにきわめていくことが必要であり，日本におけるゴマ食文化を発展させるものと考えられる．

〔武田珠美・佐藤恵美子〕

文 献

1) 江原絢子・東四柳祥子 (2011). 日本の食文化史年表, p.7, 吉川弘文館.
2) 各県編集委員会 (1993). 聞き書日本の食生活全集, 全50巻, 農山漁村文化協会.
3) 佐藤恵美子・筒井和美 (2010). 日本食生活文化調査研究報告集, 27集, 1-27.
4) 武田珠美・福田靖子 (1996). 日本調理科学会誌, **29**, 281-291.
5) 武田珠美他 (2011). 日本調理科学会誌, **44**, 272-276.

5.2 ゴマの調理加工

5.2.1 ゴマの加熱香気成分
a. ゴマの加熱香気研究について

収穫したゴマ種子や洗いゴマ(未焙煎の食用ゴマ)には,香りはなく,焙煎によって特有のゴマ香を生じる.この特有香は食品としてのゴマの重要な品質である.ゴマの焙煎香気成分の研究は山西ら[7]により始められたが,その後のGC-MSなどの分析機器の目覚ましい進歩により,不安定で微量な香気成分の検出が可能となり,ゴマ焙煎香気成分に関する研究成果があげられ,400種以上のゴマ焙煎香気化合物が分離同定された[1-5].さらに,ゴマの焙煎特有香の前駆物質や生成機構に関する研究にも発展がみられ,種皮の存在や,油脂の存在の必要性などが論じられている.また,新技術の超臨界炭酸ガス抽出法を用いた焙煎ゴマ油の精製法では,前半の抽出画分油は,香りも強く,透明度,抗酸化性も高い油であった[6].種々の製造法のゴマ製品やゴマ油の評価は,多変量解析や因子分析などの統計学的手法が進歩し[3],高いレベルの客観性が得られる官能評価法が確立されたことで,信頼性が格段に高まってきた.　　　　　　　　　　　　　　　〔竹井瑤子〕

文　　　献
1) 浅井由賀・竹井よう子 (1996). 日本調理科学会誌, **29**, 292-297.
2) Lee, T. C. et al. (2002). Bioactive Compounds in Food (ACS Symposium Series 816), pp. 96-104, American Chemical Society.
3) 並木満夫・小林貞作 (1989). ゴマの科学, pp. 143-155, 朝倉書店.
4) Namiki, M. (1995). *Food Rev. Internat.*, **11**(2), 281.
5) 並木満夫編 (1998). ゴマ その科学と機能性, pp. 124-131, 丸善プラネット.
6) 竹井よう子他 (2002). 日本調理科学会誌, **35**, 164-171.
7) Yamanishi, T. et al. (1960). *Nosan Kako Gijutsu Kenkyu Kaishi*, **7**(2), 61-63.

b. ゴマの加熱香気成分の特徴

現在までに分離同定されているゴマ加熱香気化合物を大別すると,ピラジン類49種,ピリジン類17種,ピロール類16種,フラン類32種,チオフェン類16種,チアゾール類23種,その他,カルボニル化合物など多種類の化合物がゴマ

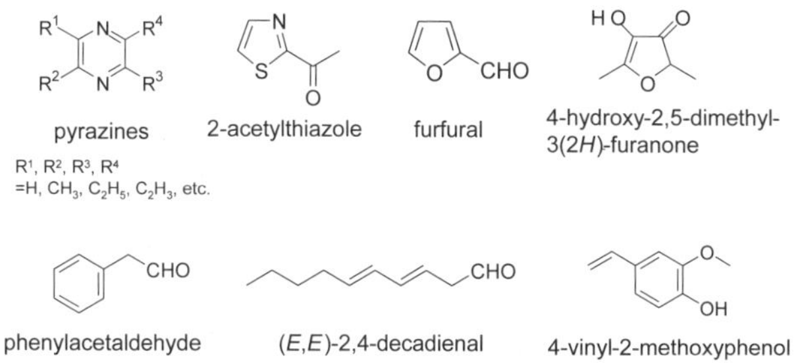

5.2 ゴマの調理加工

図5.2 焙煎ゴマ中に報告されている主な成分

の焙煎香気に含まれていた．主な成分を図5.2に示す．通常これらの成分は，食品が加熱される際に，なかに含まれる糖，アミノ酸，脂質などの不揮発性前駆体から生成することが知られている．これらの生成量は，もともと含まれる前駆体の組成や加熱・焙煎の条件によって大きく影響され，ゴマにおいても固有の成分組成から特徴的な香気のバランスが生じているものと思われる．しかし，他の食品とは明らかに異なるゴマの香気がどの成分に由来するのかはまだ解明されていなかった．

これらの化合物のにおいの質・強さはさまざまである．一般に香気化合物のにおいの強さは，人間が検知できる最大希釈濃度，すなわち閾値によって表すことができる．たとえば同じピラジン類の中でも2-メチルピラジンと2-エチル-3,5-ジメチルピラジンでは，後者の閾値は1,000倍低い，すなわちそれだけ香気が強いということが知られている[1,2]．よって，食品の香気分析を行う際には，検出された成分の量を見るだけではなく，個々の成分の香気強度にも注目しなくてはならない．

このような観点でゴマの焙煎香気を分析した研究が1990年代にSchieberleらによって行われた[3]．揮発性成分のみを焙煎ゴマから分離し，得られた揮発性画分濃縮物をガスクロマトグラフィ（GC）に供するのだが，その際，検出器の手前でカラムを分岐し，検出される成分を同時に人間がにおいを嗅ぐGC-におい嗅ぎの手法をとった．また，揮発性画分を一定倍率で希釈し一連の香気希釈物を調製し，それぞれについてGC-におい嗅ぎを行い，濃度の薄い希釈物でもにおいを感じる成分を，その食品の重要香気成分とみなす，aroma extract dilution analysis (AEDA) という手法を用いて分析を行った.

この手法によって重要成分と推定された 10 成分についてゴマ中の濃度を引き続き定量した. この 10 成分の標準化合物を合成し, それぞれの閾値を測定した. 成分濃度を閾値で割った値を OAV (odor activity value) という. OAV が 1 以上であればその食品中にその成分が閾値以上に含まれるということで, OAV が高い成分ほど食品の香気への寄与率が高いことを示すことから, におい成分の重要度の指標になる.

表 5.5 に示すように, AEDA で重要であると判断された成分は (E, E)-2,4-デカジエナール以外は 1 以上の OAV を示していた. また単一の成分でゴマ様の香気特性をもつ成分は見出されなかったことから, ゴマの香気はポップコーン様, コーヒー様, 焦げたゴム様, 綿菓子のようなカラメル香気など, 多様なにおいが混ざり合って形成されているものと考えられた. また 2011 年には, 筆者は Schieberle とともに特に焙煎直後の特徴的なゴマの香気の解明を目的として含硫化合物に注目し, 同様の手法を用いてチオール類 9 成分を同定し, 定量および合成品を用いた閾値の測定を行った[4,5].

この研究において, 二重結合に直接チオールが結合した特異な構造をもつ 1-

表 5.5 焙煎ゴマの重要香気成分[3]

香気成分	香気特性	濃度 (ppb)	閾値 (油中) (ppb)	OAV
2-acetyl-1-pyrroline	ポップコーン様	30	0.1	300
2-furfurylthiol	コーヒー様	54	0.4	135
2-phenylethylthiol	焦げたゴム様	6	0.05	120
4-hydroxy-2,5-dimethyl-3(2H)-furanone	カラメル様	2,511	50	50
2-ethyl-3,5-dimethylpyrazine	ポテト様, ロースト臭	53	3	18
2-methoxyphenol	焦げ臭, 甘い香り	269	19	14
2-pentylpyridine	油脂様, 獣脂様	19	5	4
2-acetylpyrazine	ロースト臭	26	10	3
4-vinyl-2-methoxyphenol	スパイス様	72	50	1
(E, E)-2,4-decadienal	油脂様, 蠟様	89	180	<1

2-methyl-1-propene-1-thiol

3-methyl-1-butene-1-thiol

2-methyl-1-butene-1-thiol

図 5.3 1-アルケン-1-チオール類の化学構造

アルケン-1-チオール類が，天然由来の香気成分として初めて見出された（図5.3）．香気特性はいずれも硫黄様，肉様という言葉で表現されたが，焙煎直後のゴマ香気のやや刺激的な香ばしい焙煎香を想起させる香調であり，3-メチル-1-ブテン-1-チオール，2-メチル-1-ブテン-1-チオールにおいてはOAVも他の成分に比べてきわめて高いことから，焙煎直後のゴマの香気に非常に重要であると考えられた（表5.6）．

筆者らは1-アルケン-1-チオール類の標準物質を図5.4に示したように，アルデヒドに硫化水素を2分子付加させた後，加熱によって1分子脱離させて合成している．そしてこのアルデヒド類は加熱食品中ではアミノ酸と糖が加熱反応して生成することが知られている．よって，ゴマ中のアミノ酸から生成したアルデヒド類が同様の経路をたどって1-アルケン-1-チオール類が生成しているという仮説を立てた．

これらのチオール類は酸化を受けやすい構造であり，また実際に合成した化合物も冷凍庫で保存していたとしても分解が進んでしまうことを確認している．一方でゴマ中には抗酸化性物質が豊富に含まれていることが知られており，そのため不安定なはずのこれらの化合物が焙煎後もしばらくはゴマ中で保持され，ゴマ

表5.6 焙煎ゴマの重要香気成分（チオール類）[5]

香気成分	香気特性	濃度 (ppb)	閾値（油中）(ppb)	OAV
2-methyl-1-propene-1-thiol	硫黄様，肉様	800	30	27
3-methyl-1-butene-1-thiol	硫黄様，肉様	970	0.40	2,400
2-methyl-1-butene-1-thiol	硫黄様，肉様	1,200	1.3	920
2-methyl-3-furanthiol	肉様	100	0.56	180
3-mercapto-2-pentanone	猫尿臭，カシス様	29	0.19	150
2-mercapto-3-pentanone	猫尿臭，カシス様	170	0.60	280
4-mercapto-3-hexanone	猫尿臭，カシス様	4.7	0.07	65
3-mercapto-3-methylbutyl formate	硫黄様，猫尿臭	0.011	0.17	<1
2-methyl-3-thiophenethiol	肉様，硫黄様	11	2,200	<1

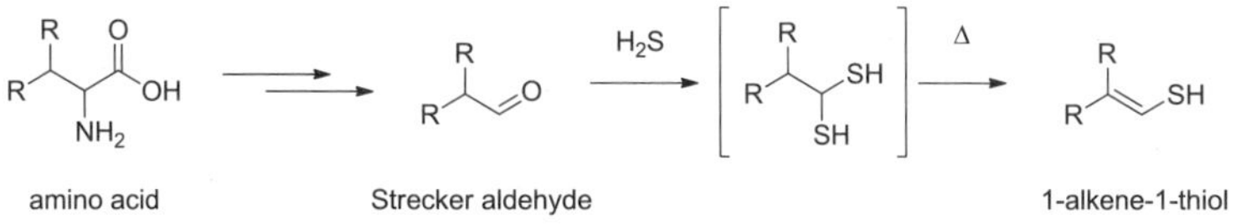

図5.4 1-アルケン-1-チオール類の予想生成機構

の特徴的香気として検出できたのではないかと考えている．これは，先に述べたアルデヒド類が食品全般に広く存在する成分でありながら，1-アルケン-1-チオール類が今まで他の食品からは見出されることがなかった理由にもなりうる．しかし現状ではこれはあくまでも仮説であるため，さらなる検証が必要である[6]．

いずれにしても，ゴマの香気は焙煎直後ですりたてのものが良好であり，時間の経過によってその香気は弱くなるものとされているが，その原因の一つが今回見出された不安定な成分によると考えれば，その現象の説明もでき，ゴマの香気を科学的に解明する重要な知見を新たに得ることができたものと思う．

〔田村　仁〕

文　献

1) Buttery, R. G. *et al.* (1988). *J. Agric. Food Chem.*, **36**(5), 1006-1009.
2) Buttery, R. G. *et al.* (1997). *Lebensm. Wiss. Technol.*, **30**, 109-110.
3) Schieberle, P. (1996). *Food Chem.*, **55**(2), 145-152.
4) Tamura, H. *et al.* (2010). *J. Agric. Food Chem.*, **58**(12), 7368-7375.
5) Tamura, H. *et al.* (2011). *J. Agric. Food Chem.*, **59**(18), 10211-10218.
6) Tamura, H. (2012). Identification of new key aroma compounds in roasted sesame seeds with emphasis on sulfur components (Doctoral dissertation). Technical University of Munich.

5.2.2　ゴマタンパク質とその特性

ゴマは，約50%の油と，20%のタンパク質を含み，主にゴマ油の製造に用いられるいわゆる油糧種子の一つである．また，ゴマ脱脂粕は40〜50%のタンパク質を含み，ダイズタンパク質と相補的であり，特にメチオニンに富むという特色をもつ．ゴマ種子の主要タンパク質である13Sグロブリンは，1927年にJonesら[7]により単離された．その後，長谷川は1988年にその化学的性質について総じており[6]，筆者はそれを受けてゴマタンパク質の物性と利用について解説した[10]．本項では，ゴマ13Sグロブリンの構造と性質，ゴマゲルの物理化学的性質とその物性の改良について述べる．

a.　13Sグロブリンの精製法

これまで種々の精製法が提案されているが[7]，比較的簡便で収率のよい方法として，濃度の異なる食塩を段階的に使用し粗13Sグロブリンを抽出し，ゲルろ過により精製するという方法が一般的である[2,13]．長谷川らはここで得られたタン

パク質画分から結晶化した α-グロブリンを得ている．これは沈降係数は 12.8S であるが，ダイズをはじめ種子タンパク質に一般的に見出される 11S タイプのグロブリンに相当する[2,9]．

b. 13S グロブリンの構造とそのサブユニット構造

Nishimura ら[9]は，13S グロブリンの物理的性質として，沈降係数 12.80S，固有粘度 0.0325 dl/g，偏比容 0.718 ml/g，拡散定数（$D_{20,w}$）3.46，摩擦比（f/f_0）1.06 と報告している．分子量については，彼らの計算によると 361,000～399,000，また，その形は摩擦比から，軸比 2.5（53×13.1 nm）の偏平楕円体と計算している．また，Plietz ら[12]の散乱法に基づく測定では 270,000～280,000 と報告され，後述するサブユニットの分子量を積算した Okubo らによると 306,000～338,000 との報告があり[11]，ダイズの主要タンパク質の 1 つである 11S グロブリンと類似した分子量とサブユニット構造をしていると考えられる[2,11]．

SDS-ポリアクリルアミドゲル電気泳動（SDS-PAGE）：Guerra ら（と Park）はゴマの全タンパク質を SDS-PAGE に供した[1]．その後 Hasegawa らは結晶 13S グロブリンのサブユニット分析を行い，酸性サブユニット（AS）と塩基性サブユニット（BS）のほぼ等量の存在を明らかにした．各サブユニットの分子量を 28,600 と 21,000，また N-末端アミノ酸をそれぞれ Leu と Gly であることを明らかにした[2]．さらに，Yuno らは，一次元目に長さ約 15 cm のディスク型 SDS-PAGE（還元剤非存在下）と二次元目に長さ約 18 cm のスラブ型 SDS-PAGE（還元剤存在下）を行い，AS, BS の詳細な分析と，組み合わせ（中間サブユニット IS の組成）を解析した．その結果，IS_1 は AS_1+BS_2, AS_2+BS_2 から成ること，また，IS_2 は AS_3+BS_1, IS_3 は AS_2+BS_3 または AS_2+BS_4 から構成されていることを報告した[13]（図 5.5 上図）．また，各サブユニットのアミノ酸組成が Yuno ら[13]により報告され，その特徴は一般に植物貯蔵タンパク質中に豊富に含まれる Asp, Glu に富むことに加え，含硫アミノ酸（1/2 Cys, Met）がダイズ 11S グロブリンの約 2 倍も含まれ，特に BS 中に高値を示す（図 5.5 下表）．

等電点焦点電気泳動：長谷川ら[3]は等電点焦点電気泳動を行い，各サブユニットの等電点分析を行った．その結果，各 IS は pH 5.3～8.5, AS は pH 5.5～6.5 に，また，BS は pH 8.3～8.8 に等電点をもつことを示した．

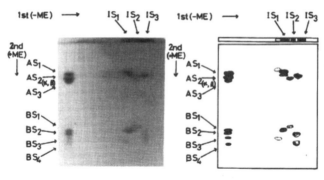

アミノ酸	AS			BS				IS		
	1	2	3	1	2	3	4	1	2	3
Asp	9.0	10.2	7.8	11.1	11.3	10.2	9.8	8.8	9.0	9.3
Thr	4.3	3.5	4.3	6.0	6.4	6.4	4.3	4.7	4.9	3.7
Ser	3.7	6.0	6.3	8.0	8.1	8.8	8.2	5.1	6.2	7.5
Glu	20.6	21.0	20.4	10.5	11.1	12.0	11.7	17.1	16.4	14.9
Pro	4.2	2.4	4.9	5.0	4.3	4.8	3.5	3.7	4.3	3.2
Gly	13.0	13.3	12.7	14.7	9.6	9.9	11.9	13.0	10.9	14.5
Ala	6.3	6.7	7.1	7.3	7.8	8.6	8.4	7.6	7.2	7.9
1/2 Cys	0.6	0.3	0.6	0.6	0.5	0.7	0.5	0.5	0.5	0.7
Val	4.7	4.8	5.4	7.7	8.1	7.3	7.3	5.7	6.4	5.4
Met	0.2	0.9	0.9	2.0	0.6	0.9	0.1	0.7	1.6	0.3
Ile	3.9	5.0	4.7	3.4	3.9	5.2	4.5	4.3	4.2	4.6
Leu	7.8	6.9	6.2	5.8	7.7	7.3	8.2	8.0	6.9	7.9
Tyr	1.9	T*	T	1.0	2.2	0.4	2.5	2.0	2.6	2.4
Phe	4.8	4.5	3.8	3.6	4.3	2.6	3.5	3.8	3.9	3.5
Lys	1.8	1.3	1.0	3.6	3.4	2.9	2.7	2.2	2.1	3.6
His	1.7	2.5	2.7	1.6	1.9	2.2	1.9	1.9	2.3	1.7
Arg	11.4	10.9	11.2	8.0	9.1	9.8	10.9	10.9	10.8	8.7

(residues/100 residues)
* T：微量.

図 5.5 ゴマ 13S グロブリンの二次元 SDS-ポリアクリルアミドゲル電気泳動および各サブユニットのアミノ酸組成[13]

上段：アクリルアミド濃度 10%, 13S グロブリン 15 μg を供した．一次元目終了後メルカプトエタノール（2-ME）を含む緩衝液を用いてゲルをインキュベーションし二次元目の泳動に供した．一次元目（1st）は還元剤非存在下；二次元目（2nd）は還元剤存在下；上段右図は泳動パターンの模式図．図中の矢印は泳動方向を示す．下段：ゴマ 13S サブユニットのアミノ酸組成．SDS-PAGE により分離した各バンドを切り出し，塩酸緩衝液を用いてタンパク質を抽出し，冷アセトンで濃縮した後，常法に従ってアミノ酸分析した．

c. ゴマ 13S グロブリンの物性

前述のように，ゴマタンパク質は良質タンパク質であるが，その利用度はダイズなどに比べ低い．そこでその要因とも密接なかかわりをもつであろうゴマ 13S グロブリンの物性を明らかにし，それをより客観的に評価するために，他種植物性グロブリン（ダイズ 11S グロブリン，米 γ-グロブリン）との比較を試みた[16]．図 5.6 上段はそれぞれタンパク質濃度 10% とし，ゴマ 13S，ダイズ 11S，米 γ-グロブリンの各最適ゲル化条件下で形成したゲルの硬さと離水率を示す．さらに，

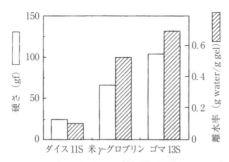

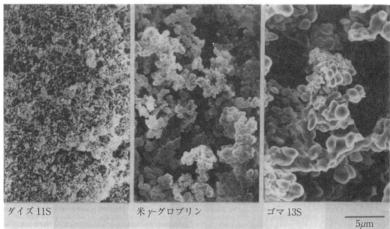

図 5.6 ダイズ，米およびゴマグロブリンの加熱誘導ゲルの硬さ，離水率およびその走査型電子顕微鏡観察像[16]

上段：ゲルの形成条件は，それぞれの最適条件（ゴマ 13S，pH 9.3，イオン強度 1.08；ダイズ 11S，pH 6.4，イオン強度 0.24；米 γ-グロブリン，pH 6.6，イオン強度 0.60）を使用した．ゲル強度測定には Fudou NRM-2010J-CW による単軸圧縮試験法（硬さの単位：グラムフォース（gf），離水率は遠心分離法（離水率の単位：g water/g gel）を使用．

図5.6下段にこれら3種のゲルの走査型電子顕微鏡像を示す．図の説明に記した各タンパク質の最適ゲル化条件のように，ゴマ13Sグロブリンの可溶化にはダイズや米のグロブリンに比べて高いpHすなわちアルカリ条件と高いイオン強度が要求されること，また，より硬くて離水しやすいゲルであること，およびそれに関連して，ゲルの微細構造が他に比べて不均質であることがわかる．すなわち，硬くて保水性の低いゴマゲルの物性は，ダイズや米のグロブリンに比べてより大きな変性タンパク質粒子の集合体からなる不均質なネットワークの形成に起因していることが示唆された．

d. ゴマ13Sグロブリンゲルの性質とその改良

以上のようにゴマ13Sグロブリンゲルは疎水的なゲル（離漿しやすい硬いゲル）を作る性質を有し，その形成に疎水的相互作用の寄与が大きく，かつゲル内部にジスルフィド結合が埋もれていることが示唆された[16]．このような背景に基づき，長谷川らや太田らは種々の化学修飾や脂肪酸塩添加によりゴマタンパク質ゲルの

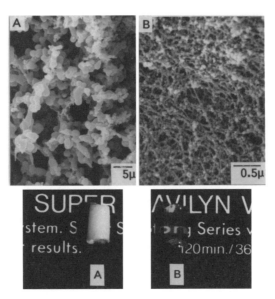

図5.7 無添加およびリノール酸ナトリウム添加ゲルの外観とその走査型電子顕微鏡観察像[15]
A：15%（w/v）無添加ゴマ13Sグロブリンゲル，B：ゴマグロブリンに対して75モル比のリノール酸ナトリウム添加．

物性改良を試みた[4,5,15]．図5.7は，無添加ゴマグロブリンとリノール酸ナトリウム添加ゴマグロブリンゲルの外観（下段）とその微細構造（上段）を示す．ここで形成されたリノール酸ナトリウム添加ゲルは，写真のように透明であるだけでなく，無添加ゲルと比べ硬さ，凝集性，弾性が小さく保水性が高く，元来疎水性の強いゴマタンパク質に適度な炭素鎖長を有する脂肪酸塩を適量添加することにより，微細な繊維状ネットワークを有するより親水的なゲルを形成していることを明瞭に示している（図5.7上段）．

　以上，ここでは未利用食品タンパク質の一つであるゴマタンパク質の利用を図るという観点からその化学的性質と物理的性質を紹介した．今回は紹介できなかったが，最近はタンパク質のゲル形成機構を超音波分光分析によっても解明できつつある．今後さらなる研究により，ここで述べたゴマタンパク質の特色を活かした活用が期待される．

〔太田尚子〕

文　献

1) Guerra, M. J. *et al.* (1975). *J. Am. Oil Chem. Soc.*, **52**, 73-75.
2) Hasegawa, K. *et al.* (1978). *Agric. Biol. Chem.*, **42**, 2291-2297.
3) 長谷川喜代三他 (1981). 日農化誌, **55**, 239-245.
4) 長谷川喜代三他 (1981). 日農化誌, **55**, 975-981.
5) Hasegawa, K. *et al.* (1985). *Agric. Biol. Chem.*, **49**, 2777-2778.
6) 長谷川喜代三 (1989). ゴマの科学（並木満夫・小林貞作編），pp. 131-142，朝倉書店．
7) Jones, D. B., Gersdorff, C. E. F. (1927). *J. Biol. Chem.*, **75**, 213-225.
8) Maria-Neto, S. *et al.* (2011). *Protein J.*, **30**, 340-350.
9) Nishimura, N. *et al.* (1979). *Cereal. Chem.*, **56**, 239-242.
10) 太田尚子 (1998). ゴマ　その科学と機能性（並木満夫編），pp 139-149，丸善プラネット．
11) Okubo, K. *et al.* (1979). *Cereal. Chem.*, **56**, 317-320.
12) Plietz, P. *et al.* (1986). *J. Biol. Chem.*, **261**, 12686-12691.
13) Yuno, N. *et al.* (1986). *Agric. Biol. Chem.*, **50**, 983-988.
14) Yuno-Ohta, N. *et al.* (1988). *Agric. Biol. Chem.*, **52**, 685-692.
15) Yuno-Ohta, N. *et al.* (1992). *J. Food Sci.*, **57**, 86-90.
16) Yuno-Ohta, N. *et al.* (1994). *J. Food Sci.*, **59**, 366-370.

5.2.3　ゴマに含まれる界面活性物質

a.　ゴマに含まれるリン脂質と焙煎による変化

　自然界には，その構造はさまざまであるが，胆汁酸，リン脂質，サポニン，糖脂質など，多くの界面活性（両親媒性）物質が存在している．なかでも，リン

脂質は卵黄，ダイズ，乳脂肪などに含まれ，食品用乳化剤としてさまざまな用途に用いられている．生(なま)のゴマ種子中にも，ホスファチジルコリン（レシチン，PC），ホスファチジルエタノールアミン（ケファリン，PE），ホスファチジルイノシトール（PI）などのリン脂質が見出されている．生ゴマ中のリン脂質含量を調べたところ，リン脂質は生ゴマ 100 g あたり約 418 mg 含まれており，PC，PE，PI の含量比は，62.5%，18.4%，19.1% であった．ところが，ゴマ種子を加熱処理（焙煎）すると，全リン脂質の 70% 以上が消失し，PE は完全に消失した[8]．焙煎に伴い，全体のリン量はほとんど変化していないにもかかわらず，粗脂質中のリン量が減少し，水溶性画分およびゴマ油抽出粕中のリン量が増加していることから，ゴマを焙煎することにより，ゴマに含まれるリン脂質に何らかの化学変化が起こり，その結果，油溶性が低下するとともに水溶性画分および抽出粕に移行したと考えられるが，その詳細は不明である．

b. ゴマに含まれる水溶性界面活性物質

ゴマ脱脂粕中には，水溶性界面活性物質が存在することが確認されており，それらはリグナン配糖体やリグナン類縁物質をアグリコンとする配糖体と考えられている[1,2]．その一つとして，筆者らは，リグナン配糖体であるセサミノールトリグルコシドをゴマ脱脂粕中から単離し，同定した[3]．この物質は，比較的弱い界面活性しか示さないが，pH の影響を受けず，親水性が強いうえに[3]，比較的強い脂質酸化抑制作用を有しており[4]，食品への利用性は高いと考えられる．ゴマのなかには，セサミン，セサモリン，セサミノールなどのリグナン類が多く含まれており，その化学と機能については本書の「3.2 ゴマリグナン」および「4. ゴマの栄養と健康の科学」に詳細な記述がされているのでそちらをご覧いただきたいが，さまざまな機能が知られているゴマリグナンの配糖体が，界面活性機能を有していることは注目するべきである．ゴマに含まれるその他の水溶性界面活性物質の同定とそれらの物理化学的特性解明についても，今後の研究が期待される．

c. ゴマに含まれるその他の微量成分の界面科学的特性

ゴマリグナンの一つであるセサミンの生化学的性質とそれに基づいた有用性については，さまざまな研究がなされており，その内容については上記のように本書の他章において詳しく述べられているが，その物理化学的性質についての研究例はあまり多くない．筆者らは，セサミンによる油のガラス表面に対するヌレの

影響について調べた[6]．その結果，コーン油溶液中のセサミン濃度が高くなるにつれてガラス表面にヌレにくくなるという現象が認められたが，セサミン濃度による表面張力の差は見られなかった．このことは，表面張力や粘度によって生じる現象ではなく，セサミン含有コーン油とガラス表面との界面に対し，セサミンが影響を与えていることを示唆している．さらにセサミンの撥水性を調べたところ，セサミンはかなり低密度で撥水性を示し，密度が高くなるにつれて撥水力が増加し，一定の密度以上では撥水力はほぼ一定になることがわかった[6]．

一方，ゴマの種皮にはいくつかの二塩基酸が含まれており，その主たるものはオクタコサン二酸である．このオクタコサン二酸は，ゴマ種子以外の油原料にはほとんど見られない脂質であり，ゴマ油の製造工程で発生する沈殿物の主要な構成成分である[5]．筆者らは，オクタコサン二酸について撥水性を調べ，セサミンを含めた種々の撥水性物質との比較を行った[7]．その結果，オクタコサン二酸の撥水性は，防水剤として利用されているステアリン酸亜鉛よりはやや小さかったが，セサミンやダイズなどに含まれ界面活性作用を有するPCより，かなり高い撥水性を示した[7]．撥水性は工業分野だけでなく，食品，化粧品，医薬品，医用材料など幅広い分野において有用となる物理化学的特性であり，セサミンやオクタコサン二酸のこれら分野における活用が期待される．

〔合谷祥一・次田隆志・山野善正〕

文　献

1) 江森雄一 (1992)．ゴマに含まれる界面活性物質の単離と物理化学的特性，香川大学農学部卒業論文．
2) 藤原正徳 (1993)．ゴマ脱脂粕からの界面活性物質の単離と物理化学的特性，香川大学農学部卒業論文．
3) 金指勝教 (1996)．ゴマ脱脂粕中の界面活性物質の単離・同定とその特性，香川大学農学部卒業論文．
4) 栗山健一・無類井建夫 (1996)．日農化誌，**70**, 161-167.
5) 無類井建夫・福島朱美 (1993)．油化学，**42**, 519-522.
6) 大島久華 (2001)．ゴマ微量成分の物理化学的性質と有効利用，香川大学農学部卒業論文．
7) 大島久華 (2003)．ゴマ微量成分の界面科学的特性，香川大学農学研究科修士論文．
8) 世羅幾三郎 (1990)．ゴマリン脂質の単離と物理化学的特性，香川大学農学部卒業論文．

5.2.4 炒り・すりゴマとゴマペーストの調理科学

日本，韓国，中国などの東アジアではゴマを炒ってからさまざまに調理加工する．まず炒ることによるゴマの変化を，次に炒りゴマの調理加工による変化につ

いて述べる.

a. 炒りゴマ

ゴマを炒るということは,油を使わずに100℃以上の高温で加熱することを意味する.鍋の中で絶えずゴマを動かしながら加熱し,水分が飛んで色づき,独特の香りがして何粒か跳ねたところで加熱終了とする.経験的に行われている調理操作であり,これを再現よく行うことは思いのほか困難である.実験は1粒1粒のゴマの温度上昇履歴をできるだけ均一にする必要があるので,筆者ら[3]は電気オーブンを使用した.ゴマを加熱すると図5.8のように膨らむ.この膨らみ方が加熱温度によって異なり,食感に影響すると考えられる(表5.7).すなわちオーブン温度を230℃という高めに設定すると,5%程度含まれる水の蒸気圧が急激に高まるためによく膨らみ,かむとプチッと軽く破断する.しかし170℃では色づきが弱く,ぎしっと歯切れの悪いテクスチャーになる.200℃では膨らみは170℃と同程度であるが,ほどよく色づき,プチッと破断する感触やもろさが加わる.香ばしいにおいも生じる.

ゴマの香気については竹井[7]は400以上の香気成分を見出し,近年チオール類の寄与が特に高いことが明らかにされている.原料ゴマに含まれる,アミノ酸[1]

表5.7 ゴマの炒り条件による性状の変化

温度 (℃)	時間 (分)	厚み (mm)	破断応力 (×10 N)	官能評価	
				プチッと破断する感触	もろさ
	0	0.85±0.09[a]	1.18±0.11[a]	0	0
170	5	0.92±0.07[b]	1.11±0.10[b]	0.0±0.0	0.0±0.0
	15	1.03±0.05[bc]	1.26±0.21[a]	0.0±0.7	0.0±0.0
	30	1.04±0.08[bc]	0.81±0.04[b]	0.0±1.0	0.2±1.0
200	5	1.01±0.06[b]	1.14±0.07[a]	0.0±0.9	0.0±0.9
	15	1.01±0.07[b]	1.06±0.16[a]	1.0±0	1.2±0.4
	30	1.08±0.04[cd]	0.58±0.03[c]	1.2±0.9	1.4±0.5
230	5	1.14±0.10[d]	1.06±0.14[a]	0.9±1.0	1.0±0.7
	15	1.29±0.10[e]	0.15±0.04[d]	1.4±1.3	2.0±0

数字右上の異なるアルファベットは有意差あり($p<0.05$).
破断応力は塑性材料万能試験機(レオロボット KA3000PV,協和精工)使用.
官能評価は5段階評点法により,生ゴマを基準(0),-2弱い~+2強い.

図5.8 炒りゴマ断面(走査型電子顕微鏡)

5.2 ゴマの調理加工

表5.8 ゴマの遊離アミノ酸,遊離糖およびリグナンの変化

温度 (℃)	時間 (分)	遊離アミノ酸 (mg/100 g)	グルコース (%)	スクロース (%)	セサミン (mg/100 g 油)	セサモール (mg/100 g 油)
	0	27.9	0.01	0.75	633.4	5.3
170	5	23.5	0.02	0.74	620.1	4.4
	15	16.3	0.01	0.75	570.6	5.7
	20	6.4	0.02	0.76	527.5	3.4
200	5	16.7	0.02	0.80	578.0	7.7
	15	7.9	—	0.39	512.4	16.2
230	5	13.7	—	0.52	598.2	6.6
	10	12.3	—	0.05	594.6	18.2

や還元糖などの香気成分前駆物質や抗酸化性成分などが炒りゴマの香りに大きく影響するとされる.色づきも主にアミノカルボニル反応によると考えられる.加熱に伴う遊離のアミノ酸[2]と糖[3],リグナンの変化を表5.8に示した.ほとんどの成分は高温になるほど加熱時間が長くなるほど減少が著しいことがわかる.セサモールはセサモリンの熱分解生成物で抗酸化性が高いことから,200℃以上で加熱した炒りゴマの抗酸化性は高まっているといえる.

　以上のように炒り条件によりゴマは多様に変化する.ゴマらしい香り,軽い食感,遊離アミノ酸や遊離糖による甘い風味,あるいは抗酸化成分など何を重視するかによって炒り条件を変えればよい.しかし現在,ゴマを炒るというひと手間が煩雑なのか,難しいのか,家庭では市販の炒りゴマが用いられることが多くなった.洗いゴマは炒りゴマよりも保存が効き,用途に応じた調理を楽しむこともできる.また炒りたてのゴマは非常にすりやすい.炒りたてのゴマのおいしさが今一度見直されることを切望する.一方,ゴマ業界などさまざまな分野で炒りゴマの品質評価法の確立が求められている.

b. すりゴマ

　すり鉢の中ですりこぎで炒りゴマをするというのがオーソドックスなすりゴマの作り方である.どのように変化するか,実験的にながめてみる[4].特注の電動ゴマすり機を使用し,40回/分ですりこぎを回すと,図5.9のように最初の5分間で細粒化し,次第に滑らかなペースト状になる.ゴマ粒の破壊程度を調べるためにヘキサンで脱脂後,850,425,210,105および53 μm のふるいを重ねて

40分間振動させ,各ふるいに残ったゴマ片の重量を測定した(図5.10).炒りゴマの長径は平均2,520 μm,短径は平均1,450 μmであったが,5分のすりゴマで425 μm以上の粗い画分はわずか20%となり,53 μm未満の細い画分が約40%も生じた.図5.9の通り,最初の5分間で急激に組織が破壊され,その後は緩慢な変化となり,50分のすりゴマで53 μm未満画分が56%となった.均一なペーストに見えるが,不均一な系であるといえる.この不均一な粒子がどのようにすりゴマの物性に関与しているかを,各ふるいのゴマ画分に脱脂時の油を40:60で混ぜてモデルすりゴマを調製して調べた[5].図5.11に示したように,粒度の大き

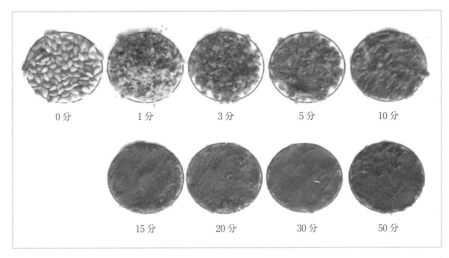

図5.9 すりゴマ

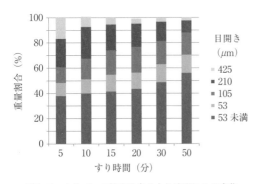

図5.10 すりゴマの粒度分布のすり時間による変化

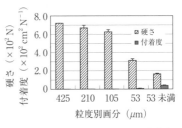

図5.11 粒度別画分の硬さおよび付着度

い画分は硬さ，53μm 以下の微細な画分は付着性をもたらすことがわかった．すなわち炒りゴマをするほどに硬さが減り，付着性が高くなるといえる．53μm 未満画分は 53μm 画分や 105μm 画分との混合系になると硬さや粘度をより下げることがあり，見かけの体積分率を小さくする構造をとることが推察され，滑らかな口あたりに寄与していることが考えられる．こうして組織が破壊されるほど油が遊離して流動性がより高く，軟らかに変化していく．

　実際の調理では，すり時間の短い，さらさらとしたゴマはふりかける調理や時にゴマあえに用いる．ゴマあえはゴボウなど野趣に富む野菜は半ずり（図5.9では1分くらい），葉菜類は七分ずり（3分くらい）がよいとされる．ゴマだれやソースにはペースト状のゴマが好まれる．すり加減を自在に制御できるのが，すり鉢とすりこぎによる磨砕の優れている点である．近年はゴマミルやゴマすり器も重宝され，市販すりゴマの利用も多くなった．最近，臼の中で杵で搗くゴマや凍結粉砕したゴマも登場し，従来のすりゴマとは異なるテクスチャーを呈する．いずれも軽めの組織破壊であることを意識して使うとよいと思われる．

　さてゴマあえやゴマだれは，すりゴマにだしや液体調味料を加えて作る．液体を加えるとどのように変化するか，すりゴマに水を加えたモデル実験[6]を行った．1分から 10 分間すったゴマはゴマ重量に対して 12.5% の水を加えたとき，15 分間以上すったゴマは 12.5〜50% の水を加えたとき，加水しないゴマよりも硬くなった（図5.12）．すり時間が長いほど油が多く遊離し，加えた水がエマルショ

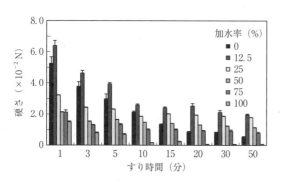

図5.12　すりゴマの硬さの加水による変化

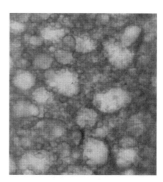

図5.13　15分すりゴマに 100% 加水した顕微鏡写真
球状に見えるのが油滴．

ン的に多量に分散できるようになるためにそのように硬くなるものと考えられる．加水ゴマを遠心分離してみると，すり時間にかかわらずゴマに対して50%までの加水量では油のみ分離し，水の分離は75%加水でわずかに，100%加水で急激に増加した．75%付近の加水で転相が起こり始め，水中油滴型エマルションに近い系になるものと想像される．これは顕微鏡写真によっても確認できる（図5.13）．多くのすりゴマ調理は，このように液体を加えることにより，油滴を分散させた系に変換して軟化あるいは流動性をもたせて油っこさを軽減し，素材の味を引き立てるようにゴマが脇役に徹しているものと考えている．

c. ゴマペースト

炒り条件，石臼など磨砕器具により多様なゴマペースト（ねりゴマ）が市販されている．多くはすり鉢の中で十分すったゴマよりも細粒化し，遊離した油と共存している．びんから取り出すときに，強いずり応力を加えると硬化することがあり，これは不均一な粒子が最密充填に詰まって粒子間に油を閉じ込めることで起こる，ダイラタンシーという現象である．石臼などによる瞬間的な組織破壊の影響について今後の研究が待たれる．

最近，ゴマペーストの調理加工への利用が多くなっている．ゴマドレッシングやゴマだれをはじめ，汁物や煮物など，水がベースになる系にとろみや独特の風味，コクを付与している．また他の食材に混合してコクや甘味を添える調味料的な使い方もできる．ゴマに含まれる油は60%程度と多いので油脂の代替になりうる場合もある．多面的な利用に必要な，調理科学的な知見をさらに追求したいと考えている．

〔武田珠美〕

文　献

1) Shahidi, F. *et al.* (1997). *J. Am. Oil Chem. Soc.*, **74**(6), 667-678.
2) 武田珠美・福田靖子 (1997). 日本家政学会誌, **48**, 137-143.
3) Takeda, T. *et al.* (2000). *J. Home Econ. Jpn.*, **51**, 1115-1125
4) 武田珠美他 (2001). 日本家政学会誌, **52**, 23-31.
5) 武田珠美他 (2002). 日食科工誌, **49**, 468-475.
6) 武田珠美他 (2005). 日本調理科学会誌, **38**, 226-230.
7) 竹井よう子 (1998). ゴマ　その科学と機能性（並木満夫編），pp.124-131, 丸善プラネット．

5.2.5 ゴマ豆腐の調理科学

ゴマ豆腐はゴマと葛デンプンの加熱攪拌による成分間相互作用を利用したゲル状の寄せ物である．これまでに，ゴマ豆腐の調製条件[1-3]，ゴマと葛デンプン・加水量などの配合割合[4]がゴマ豆腐の力学特性，粘弾性，構造，食感に及ぼす影響について報告[5]し，テクスチャーが重要であることがわかった．主としてゴマ豆腐の力学特性に及ぼすゴマの種類，焙煎条件，およびデンプンの種類の影響などについて筆者の研究をもとにまとめ，記述する．

a. ゴマ材料の種類とゴマ豆腐のテクスチャー[5,6]

異なったゴマ材料を用いることは，ゴマの成分特性が多小異なるために，ゴマ豆腐のテクスチャーと構造形成に影響を及ぼす．結果を図 5.14 に示した．白生ゴマ豆腐（皮むきゴマ Ra-w）は脂質が多く空胞が大きく粗い組織構造を示し，軟らかくガム性が低く，口ざわりが高く評価された．白炒りゴマ豆腐（洗いゴマ Ro-w）は 4 種の中で相対的に硬く凝集性が高く，空胞が小さく，緻密な構造を示した．黒炒りゴマ豆腐（洗い黒ゴマ Ro-B）は白生ゴマ豆腐の次に軟らかく，付着性は最も低いが，緻密な組織構造を示し，官能検査の総合的な好ましさの評価が高かった．皮つき白炒りゴマ豆腐および黒ゴマ豆腐ともに炭水化物（粗繊維）が多く，官能検査では適度な口ざわりと弾力性があるため好まれた．脱脂粉末ゴマで調製したゴマ豆腐は，タンパク質，炭水化物が多く，ゴマ乳中にふるいを通過した脱脂粉末ゴマの微粒子が含まれるために最も硬く「ざらつき感」があり，最も好まれなかった．

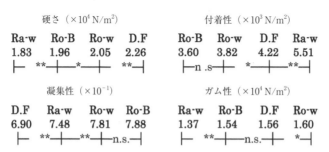

図 5.14 異なったゴマ材料で調製されたゴマ豆腐のテクスチャー
Ra-w：皮むき生ゴマ豆腐，Ro-B：黒炒りゴマ豆腐，Ro-w：白炒りゴマ豆腐，D.F：脱脂ゴマ豆腐（セサムフラワー）．
**：$p<0.001$，*：$p<0.01$，n.s.：有意差なし．

b. ゴマの焙煎条件とゴマ豆腐のテクスチャー[7]

ゴマを炒るときは,「3粒はぜたら火を止める」とされている．科学的な理由を探求するために，皮むき白ゴマ，皮つき洗い白ゴマを焙煎して調製したゴマ豆腐の科学について紹介する．焙煎は，オーブンの天板の上にゴマ40 g を未加熱，160，170，180，190℃で行った．各ゴマ材料に水450 ml を添加してミキサーにて3分間攪拌した後，50メッシュ（276 μm）のふるいを通過したゴマ乳（約435 ml）に本葛デンプン（井上天極堂製）40 g を添加して250 rpm，25分攪拌してゴマ豆腐を調製した．焙煎に伴うゴマ種子の色相の変化は，図5.15より，外皮のない皮むきゴマの色相の変化が洗いゴマよりも大きく，着色度も高かった．図5.16のSEMによる表面構造観察の結果から，皮つき洗いゴマはドーム状の亀甲構造を呈し，170℃焙煎ゴマでは，外皮の内側にうずもれていたシュウ酸カルシウム結晶がドーム状構造の中央が膨らんで丸く突出した．皮むきゴマ表面には内部から滲出した油脂の固まりが観察された．脂質含量は焙煎に伴って変化せず，タンパク質含量は，170℃焙煎ゴマが最も少なく，炭水化物含量は焙煎に伴って増加した．180～190℃で焙煎されたゴマ種子は容易に砕けやすいので，ふるい（297 μm）を通ったゴマ微粒子がゴマ乳中に移行した．その微粒子の平均粒子径（27.8～110.3 μm）は洗いゴマ乳分散粒子径（9.8～86.4 μm）よりも大きく，粒度分布は約150～300 μmの範囲に集中した．図5.17より，2種のゴマ豆腐とも

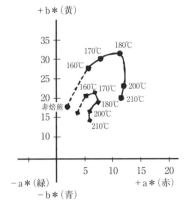

図5.15 焙煎に伴う洗いゴマと皮むきゴマの色相の変化
●洗い白ゴマ，◆皮むき白ゴマ．

5.2 ゴマの調理加工

皮つき洗い白ゴマ

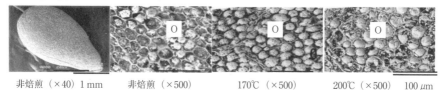

非焙煎（×40）1 mm　　非焙煎（×500）　　170℃（×500）　　200℃（×500）　　100 μm

皮むき白ゴマ

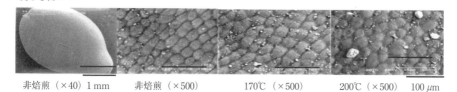

非焙煎（×40）1 mm　　非焙煎（×500）　　170℃（×500）　　200℃（×500）　　100 μm

図5.16　焙煎に伴う洗いゴマと皮むきゴマの表面構造の変化
O：シュウ酸カルシウム結晶．

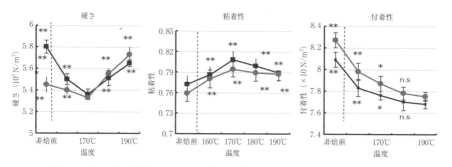

図5.17　洗いゴマ豆腐と皮むきゴマ豆腐のテクスチャー特性に及ぼす焙煎温度の影響
■─洗いゴマ豆腐，●─皮むきゴマ豆腐．

にテクスチャーの硬さは，ゴマ種子が170℃で焙煎されたとき，最も軟らかく，凝集性は最も高く，付着性は焙煎温度の増加に伴って低下した．高温焙煎180～190℃で調製されたゴマ豆腐の破断応力が高く，テクスチャーが硬くなるのは，ゴマ豆腐の網目構造のなかに焦げたゴマ微粒子の分散による充填剤効果[7]のためと考えられる．そのため，高温焙煎（180～190℃）ゴマ豆腐のなかにはゴマ微粒子（2～6 μm）の存在が観察されざらつき感があった．官能検査では，2種の"皮むき白"（$p<0.01$）ゴマ豆腐および"洗い白"（$p<0.05$）ゴマ豆腐ともに170℃焙煎ゴマ豆腐が高く評価され，軟らかく崩れにくい滑らかな食感を有した．

c. 起源の異なる3種デンプンがゴマ豆腐の力学特性に及ぼす影響[8]

デンプンの種類の違いがゴマ豆腐の静的粘弾性に及ぼす影響を調べるため，本葛デンプン，サツマイモデンプン，タピオカデンプンを用いたゴマ豆腐およびデンプンゲルを調製し，静的粘弾性測定を行った．本葛デンプンゴマ豆腐は，適度な硬さと弾力，粘りがあり，最も滑らかでゴマ豆腐として好まれた．調製後5日間の経時変化から，3種デンプンゴマ豆腐およびデンプンゲルは貯蔵日数の増加に伴って瞬間弾性率（E_0）は増大し，コンプライアンス（J）値（弾性率の逆数）は低下し，硬くなる傾向にあった．詳細については，今後報告する予定である．

〔佐藤恵美子〕

文　献

1) 佐藤恵美子（1998）．日本調理科学会誌，**31**(2)，172-177.
2) 佐藤恵美子・山野善正（1998）．ゴマ豆腐の起源と物性．ゴマ　その科学と機能性（並木満夫編），p.150，丸善プラネット．
3) 佐藤恵美子他（1999）．日食科工誌，**46**，367-375.
4) 佐藤恵美子他（1999）．日食科工誌，**46**，285-292.
5) 佐藤恵美子（2001）．日本調理科学会誌，**34**(3)，128-134.
6) Sato, E. (2003). *Food Hydrocolloids*, **17**, 901-906.
7) Sato, E. *et al.* (2007). *J. Home Economics*, **58**(8), 471-483.
8) Sato, E. *et al.* (2010). Effects of Starches from Different Origins on the Rheological Properties of *Gomatofu*, 5th PRIC, Hokkaido.

● 5.3　ゴマの食品加工の進展　●

5.3.1　新技術導入による伝統的ゴマ加工品

日本においてゴマは古くから「炒る」「する」の加工を経て「すりゴマ」として，さらにペースト状にまで圧砕して「ねりゴマ」として利用されている．近年「炒る」「する」作業は各家庭からゴマ食品企業へとシフトし，市販の「いりゴマ」「すりゴマ」や「ねりゴマ（ゴマペースト）」が多くなっている．またゴマは油脂を約50%含むことから，焙煎後，圧搾，ろ過して焙煎ゴマ油を製造し，古くから利用されてきた．これら伝統的なゴマの加工品製造にも，他分野で開発された新技術を導入した製品化が急速に進み，よりおいしく，機能性を追求した製品が開発されている．ここでは液体窒素利用の極低温粉砕技術による微粉末すりゴマ

5.3 ゴマの食品加工の進展

と磨砕の新技術による分離しにくいねりゴマ，および超臨界 CO_2 抽出法による高品質ゴマ油の製造法を紹介する．

「すりゴマ」については液体窒素の−196℃の極低温を利用した低温粉砕（凍結粉砕）の技術を応用することにより，ゴマの風味を損なうことなく舌ざわりが滑らかで，液体にも混合しやすく，さまざまな料理に利用可能な製品が開発されている．L社が開発したパウダー状のゴマは，焙煎ゴマを液体窒素により凍結し，その凍結した状態のゴマを−130〜−170℃の雰囲気中で，湿式ふるいの 60 メッシュを通る重量が 80％ 以上でかつ 200 メッシュを通る重量が 30％ 以下となるように粉砕して製造されている[8]．図 5.18 に凍結粉砕のフローシートを示す．このゴマ粉末は，超低温でのすり加工のためゴマの香りが高いことが特徴であり，また油分は，油滴状にそのまま保持されているためゴマ粉末が塊になることもなく，ペーストになる直前の最小限の粒度の粉末であると考えられる．そのため，舌ざわりがよいだけでなく，ポタージュなどに入れてもうまく分散してゴマ独特の風味とコクを付与することが可能となる．これは料理への応用が広いことを示し，実際に和食，洋食，中華を問わずあらゆる料理やお菓子にも使用でき，調理後も香りが保持される．一般の「すりゴマ」と比較するとより微粉末になっているこ

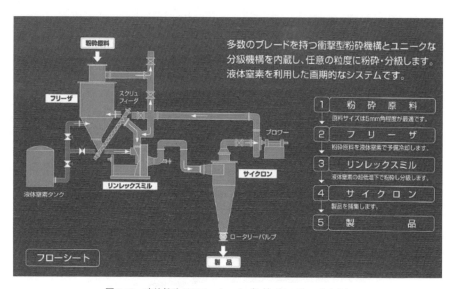

図 5.18　凍結粉砕のフローシート（L社パンフレットより）

図 5.19 ゴマ粒(左),市販のすりゴマ(中),パウダーゴマ(凍結粉砕)(右)の比較

とが肉眼的に明らかである(図 5.19).

「ねりゴマ」は,従来は石臼式磨砕機や各企業独特の磨砕機によって製造されてきたが,この方法では種皮の繊維質の粉砕が難しく,固形分の50%積算径(メジアン径)を30〜50μm程度に粉砕するのが限界であった.この「ねりゴマ」

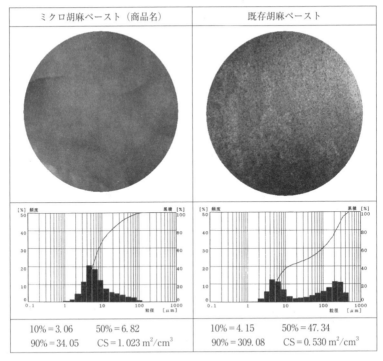

ミクロ胡麻ペースト(商品名)	既存胡麻ペースト
10% = 3.06　　50% = 6.82　　90% = 34.05　　CS = 1.023 m²/cm³	10% = 4.15　　50% = 47.34　　90% = 309.08　　CS = 0.530 m²/cm³

図 5.20 新製法*で作られた「ミクロ胡麻ペースト」と既存のゴマペーストの粒度比較
(*特許第3699439号「種実微粉砕ペースト及びその製造方法」)

では油分と種皮およびデンプンの粒径にも差があり，油分が分離しやすく，食味感覚の低下を招くのが一般的であった．N社の開発した「種実微粉砕ペースト及びその製造方法」[7]は，石臼式磨砕機に加えて媒体ミルを用いることで，8.2〜6.8 μmの超微粒子ペーストを作ることを可能とし，油分とタンパク質や炭水化物などの成分が分離しにくくなっている．また，10 μm以下の超微粒子であることから飲料用にも適用可能となり，調理性の向上が認められた．図5.20はこの新しい製造法で作られた「ミクロ胡麻ペースト（商品名）」と既存のゴマペーストの顕微鏡写真および粒度分布を比較したものである．

「ゴマ油」の製法では，超臨界CO_2抽出法の利用で高品質・高機能性ゴマ油の抽出が可能になることが明らかとなってきた．超臨界流体（supercritical fluid）は，気体と液体の臨界点（臨界温度，臨界圧力）を超えた状態の流体であり，溶解性と拡散性を併せもっている．この性質を利用して従来の液体抽出法では困難であった有用成分の分離・分別や油脂の抽出・精製が効率よく行えるようになる．図5.21は一般的な，超臨界CO_2抽出装置の概要である．焙煎ゴマ油は，健康増進にかかわるリグナン類を含み，香りがよく，褐色を呈し，酸化安定性がきわめて高い．しかしその特性のため，従来のろ過法による精製では不味成分も混合しており，これらの優れた機能性が十分発揮されていない．並木らは「超臨界流体

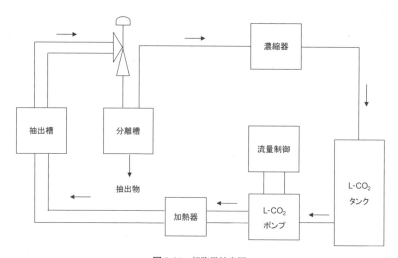

図5.21 超臨界抽出図

抽出法を用いたゴマ有効成分の効果的分離抽出技術の開発」プロジェクト研究を行った．ここでは，超臨界CO_2抽出法による高品質焙煎ゴマ油の精製の試験的研究結果の1例を紹介する．その概要は以下のようである．

Krupp社（ドイツ）の超臨界抽出機を用い，原料の焙煎ゴマは，150〜350 Bar，1,000 kg/h，40℃の条件下で超臨界CO_2と約1：50に混合し，経時的に油を（8 h）分取した．各油の，香り，褐色度，酸化安定性を測定し，さらに機能性微量成分のリグナン量を定量した．香気分析と官能検査の結果，初期の抽出区分のほうが香りの強いゴマ香の成分が抽出されることがわかり，また，油の色は（420 nmの吸光度）初期のほうが透明度の高い褐色で，最後の抽出油は不透明な黒褐色であった．油の酸化安定性（重量法）についても，初期の2時間までの抽出油はまったく過酸化物の生成がなく（重量増加がなく）つまり酸化が防止され，高い酸化安定性を示した（図5.22）[4]．抽出油中のリグナン類（セサミ

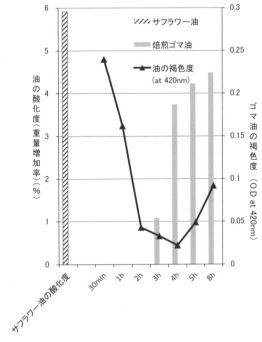

図5.22 超臨界抽出における抽出時間の異なる焙煎ゴマ油の酸化度と褐色度（サフラワー油の酸化度と比較）[4]

ンとセサモリン）も，比較的初期（2時間まで）に大量に溶出した．おのおのの抽出油の脂肪酸組成には変化がないことから，油の抽出速度に比べてリグナンの抽出速度が速いことが示唆された．そのために抽出初期（1時間後）の油には飽和に近い状態でリグナンが溶出されており，一部は析出するほどであった．これらの結果から超臨界CO_2抽出法により，今回の条件では抽出初期に品質の優れたゴマ油および機能性成分のセサミン，セサモリン（天然型）が得られることが明らかとなった．

最近，Hu[2]らは黒ゴマ種子の抗酸化性区分の分離にも超臨界CO_2抽出法を利用しており，最適条件は55℃，30または40 MPaであったと報告している．このように超臨界CO_2抽出法は機能性成分が効率よく抽出でき，抽出溶媒の残留がなく，しかもCO_2が約97%回収されて循環利用できることから，環境への負荷も少なく有用な技術であるといえるが，市販ゴマ油製造に使うにはまだコストが高く，今後の改良が期待されている．　　　　　　　　　〔福田靖子・長島万弓〕

文　献

1) 浜谷和弘 (1991)．食品と科学（臨時増刊），147-150．
2) Hu, Q. (2004)．*J. Agric. Food Chem.*, **52**, 943-947．
3) 小林　猛・安芸忠徳編 (1986)．超臨界流体の最新利用技術，テクノシステム．
4) 小池美保 (1999)．静岡大学教育学研究科修士論文．
5) 森川勝己 (1990)．超臨界ガス抽出の理論と実際，茂利製油株式会社資料．
6) Namiki, M. *et al.* (2002)．Bioactive Compouds in Foods (ACS Symposium Series 816), pp. 85-104, American Chemical Society．
7) 特許第3699439号
8) 特許公開［特開2013-192545］

5.3.2　食品ゴマの精選加工技術

近年，ゴマの加工技術の向上とさまざまなゴマ加工品の製品化からゴマの使用用途が格段に広がった．ここでは，ゴマ加工品の製造工程の概要を述べる．

a.　一次加工工程

輸入ゴマ原料には多種多様の夾雑物が混入しており，食品用に製品化するには夾雑物を100%除去し，安全で安心できるゴマ製品に加工することが重要である．ゴマの一次加工は夾雑物の除去と焙煎加工からなる．一次加工品には炒りゴマ，

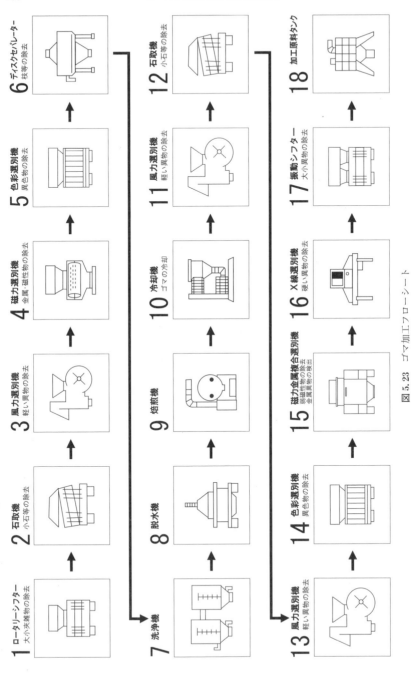

図5.23 ゴマ加工フローシート

洗いゴマ（乾燥ゴマ），皮むきゴマがある．

1）炒りゴマ・洗いゴマ　炒りゴマの加工工程を図5.23のフローシートに示す．ゴマの産出国のほとんどが，農業技術，収穫管理技術などが未熟なため，畑内の夾雑物である枝，葉，サヤ，雑草の種子，土，砂利，食糧害虫，虫卵，虫糞などが混入している．焙煎前の選別工程と洗浄工程でこれらの異物・夾雑物のほとんどが除かれる．焙煎後も複数の選別が行われる．焙煎後の選別工程に特徴的な色彩選別では，異なる種皮色のゴマや焦げたゴマなどを除き，外観を均一にする．近年では，磁力金属複合選別機やX線選別機を用いた選別も行われ，異物混入のほとんどない製品が作られるようになった．

ゴマは，焙煎によってよい香りが生じ，プチプチとした食感が生まれる．焙煎機には，直火，間接熱風，マイクロ波などを用いたものがある．焙煎機の種類や焙煎条件によって炒りゴマの風味が変わるため，各社でよりよい風味の炒りゴマを生産する技術開発が進み，特徴の異なる炒りゴマ製品が製造されている．

2）皮むきゴマ　ゴマは表皮が硬いため，消化吸収が悪い．消化吸収をよくする目的で外皮を除いたものが皮むきゴマである．脱皮は，焙煎前に薬品処理もしくは物理的処理で行われる．脱皮後は炒りゴマの加工と同じ工程で製造される．

脱皮ゴマは，焙煎後にゴマ同士の付着・凝集の問題をもたらすことがある．付着・凝集が生じると流動性が悪くなるなどの問題が発生する．この付着・凝集は表面に染み出た油脂による液架橋形成が原因であることが科学的に明らかにされている[1,2]．

b．二次加工工程

二次加工では，一次加工品をすりゴマ，ねりゴマ，味つけゴマなどに加工する．

1）すりゴマ　炒りゴマは粉砕することで，香りが立ち，消化吸収率も高まる．すり加工には，ロールミルによって油分を表面に出さずサラサラに仕上げる方法，胴搗き粉砕機によって油分をにじませしっとり仕上げる方法，低温で微粉砕する方法などがあり，さまざまなすり加工によってゴマの使用用途が広がった．

2）ねりゴマ　ゴマを微粒子になるまで粉砕すると油中に固形分が分散したねりゴマができる．ねりゴマはテクスチャーが滑らかで，香りもよく，他の食材と混ぜやすくなるため，ドレッシング，たれ，パンなど幅広い料理に使用される．ねり加工には，ボールミルやファインミルが用いられる．ねりゴマは保存中に固

形分が沈降し，油分が分離することがしばしば問題となっていた．しかし，近年では微粒子化技術が進み，より滑らかで油分の分離が遅いねりゴマが開発されている．

3) **味つけゴマ**　味つけゴマは，炒りゴマに醤油やかつお味など諸々の味つけをしたもので，直接食したり他の食材に振りかけたりすることができる用途の広い製品である．

味つけゴマは，一次加工品の炒りゴマに調味液をコーティングし，乾燥させてできる．

c. 食の安全安心

製造者は，原材料の選定を厳正に行い，製造上の管理と検査を徹底し，安全で安心できる製品を製造し，消費者に提供することが責務である．

製造されたゴマ製品は，風味，水分，過酸化物価，酸価，微生物，残留農薬などが検査される．2006年にポジティブリスト制度が施行され，各社で独自の残留農薬検査を行うなど，品質保証活動に注力している．

加工食品の表示は，JAS法（原産地など），食品衛生法（アレルギー，遺伝子組換えなど），健康増進法（栄養成分），計量法（内容量）に従い表示するものである．ゴマ製品の産地表示を求める声もあるが，ゴマ原料の産地が世界に分布しており，数量品質ともに安定供給することが難しいため，原産地表示は難しい状況である．

d. 最近のゴマ製品の特徴と今後の展望

近年，原料調達環境の変化と消費者の健康志向や安心安全志向の高まりなどにより，メーカーの商品開発の方向性も価格訴求から価値訴求へとシフトしている．市場には，ゴマにセサミンやギャバなどの機能性を付加した製品や国産・有機などの原料使用製品など，各社による差別化製品が相次いで発売されている．

ゴマの加工は，夾雑物の除去にかなりの時間が使われる．今後，原産地での選別技術が向上し一定品質のゴマが安定的に輸入されれば，選別工程の簡略化や効率化が図れるであろう．

ゴマはそのものを食すだけでなく，さまざまな加工食品に素材として利用されている．今後，新たな加工技術の進歩とともに高次加工用の素材として使用用途がさらに広まることが望まれる．また，ゴマの健康増進機能についてさまざまな

研究がなされている．今後はその研究成果に基づく新たなゴマ加工品が開発されるであろう．
〔株式会社真誠〕

文　献

1) Takenaka, N. *et al.* (2006). *J. Food Sci.*, **71**, E303-E307.
2) Takenaka, N. *et al.* (2007). *Colloids Surf.*, **B 55**, 131-137.

5.3.3　ゴマの微生物発酵
a.　微生物を利用する食品の加工

　人類は，数千年も前から，今日のバイオテクノロジーの原点ともいえる，微生物を利用する発酵食品を造り利用してきた．発酵食品の特性は各地域の生産物や気候風土などが大きく影響しているが，基本的には微生物の代謝および産生する酵素の働きを利用することによって，食品の成分を味，香り，色，生理活性などの優れたものに変化させることができるからである．ここではゴマ油の副産物であるセサムフラワーに微生物のカビを利用して，発酵を行い，抗酸化機能性を高めた発酵調味料への利用の可能性を検討した．ダイズとの複合発酵調味料化を目途とし，菌の選別および醬油や味噌を製造し，成分的特徴，抗酸化機能性，嗜好的特性など特色ある結果が得られた．

b.　セサムフラワーの微生物処理が抗酸化機能性に及ぼす影響

　セサムフラワーはゴマサラダ油の製造時に生じる脱脂粕である．主な成分はタンパク質と炭水化物である．タンパク質では，植物性食品には少ない含硫アミノ酸が多い．微量成分では，4章で述べたような生理活性を有するリグナン類が配当体として含まれており，付加価値の高い未利用食材であり，利用開発は急務であろう．

　一方ダイズは，良質なタンパク質を含む栄養価の高い食品として古くからわれわれの食生活に活用されてきた．ダイズの生理活性成分の一つとしてダイズイソフラボンがあり，主として配糖体として0.2～0.4%含まれる．ゴマのリグナン配糖体と同様に，β-グルコシダーゼにより分解され，抗酸化性，抗菌性を発揮する．

　そこで，これら健康増進機能の期待されるダイズとセサムフラワーの複合食品

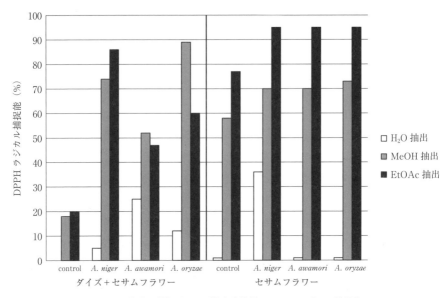

図5.24 麹菌の種類別および抽出溶媒別のDPPHラジカル捕捉能

化を目的に,混合して,微生物処理を行い,製品の嗜好性とともに,抗酸化機能性についても検討した.

セサムフラワー麹の作製は,セサムフラワーを水分含量50%に調製し,殺菌後,カビづけをして30℃で7日間培養した.ダイズ+セサムフラワー麹の作製は,ダイズを水に浸漬し,128℃・25分殺菌した後,セサムフラワーと混合し,カビづけをして同様に培養した.カビは日本の発酵食品に利用される代表的な麹菌3種 (*Aspergillus niger*, *A. awamori*, *A. oryzae*) を用いた.

図5.24に麹菌の種類別および抽出溶媒別の抗酸化能(DPPHラジカル捕捉能)を示した[1].セサムフラワーおよびダイズ+セサムフラワーともに,水抽出物より,酢酸エチルやメタノール抽出物のほうが抗酸化性が高い傾向が見られた.これらは麹菌由来のβ-グルコシダーゼなどにより,リグナンやイソフラボン配糖体が切れ,抗酸化作用をもつリグナンやイソフラボンなどが遊離したためと推定された.特に*A. niger*で処理したダイズ+セサムフラワーの酢酸エチル抽出物,メタノール抽出物がともにラジカル捕捉能が高かった.また,セサムフラワーのみを*A. niger*で処理すると,セサミノールが検出されたことから,セサミノー

ル配糖体が，A. niger の産生する β-グルコシダーゼにより分解され，抗酸化能が増大したと考えられた．さらには，A. niger で処理したダイズ＋セサムフラワーの酢酸エチル抽出物には，ダイゼイン，ゲニステインのイソフラボン類が検出された．これらは配糖体から遊離し，抗酸化能に寄与したと考えられた．これらの結果から，セサムフラワー単独，ダイズ＋セサムフラワーともに A. niger によって微生物処理を行ったものは，優れた抗酸化機能性を示したため，発酵食品への利用について次に検討した．

c. セサムフラワー麹を利用した醬油様発酵調味料の開発[2)]

日本の伝統的発酵調味料である味噌，醬油，食酢とも，麹菌を利用したものであり，日本人の食味の基盤となっている．これらの発酵調味料の健康増進機能を高めることおよびセサムフラワーの食用化を目的として，抗酸化能生成の高かった A. niger を用いて，醬油様発酵調味料の条件および機能性評価を行った．

実験はセサムフラワーに A. niger を接種し，30℃で7日間培養して製麹した「セサムフラワー麹」を通常の醬油麹に20％添加し，通常の醬油仕込みを行い，30℃で6か月間発酵させた醬油（以下 SF 麹添加醬油と略す）である．なお，比較としてセサムフラワーのみを添加したものを SF 添加醬油とした．その結果，成分分析では，SF 麹添加醬油は食塩，全糖，アルコール，酸度，pH ともに SF 添加醬油と差はなかったが，全窒素は SF 麹添加醬油のほうが1.4倍多かった．ゴマリグナンのセサミン，セサミノールが SF 麹添加醬油で微量に検出されたが，セサモリンは検出されなかった．セサミノールはすでにセサムフラワー麹の段階

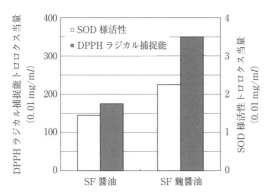

図5.25 SF 醬油の SOD 様活性と DPPH ラジカル捕捉能

で生成しており，それが醬油中に検出されたものと思われる．遊離アミノ酸分析では，SF 麴添加醬油では SF 添加醬油に比べて，旨味アミノ酸のグルタミン酸，甘味アミノ酸のグリシンやアラニンが増加した．抗酸化能の評価は SOD 様活性とラジカル捕捉活性（DPPH 法）を行い，その結果を図 5.25 に示した．両活性とも，SF 麴添加醬油は SF 添加醬油に比べて活性が高く，特にラジカル捕捉活性は 2 倍近く高かった．官能試験では，SF 麴添加醬油のほうがコクのある調味料であった．

これらの結果より，セサムフラワー麴を醬油製造時に添加することにより，抗酸化性とコクのある醬油様調味料を開発することが可能となった．

d. セサムフラワー麴を利用した味噌様発酵調味料の開発[3]

醬油様発酵調味料の開発と同様に，味噌製造にセサムフラワー麴を添加し，嗜好性，抗酸化性を中心とした健康機能性について検討した．

試検は，①「通常仕込みの米麴味噌」（米麴を 800 g）で仕込み，②「通常仕込み米麴の 20% に相当するセサムフラワーを添加」，③「セサムフラワーに A. niger を接種し製麴したセサムフラワー麴を 20% 添加」して仕込みを行った．味噌の仕込み温度は 30℃で 3 か月間の発酵を行った．その結果，熟成後のポリフェノール量，DPPH ラジカル捕捉活性，SOD 様活性（図 5.26）は，セサムフラワー麴味噌においては通常の米麴味噌よりも高い値を示した．セサムフラワー麴味噌は官能的にも従来の米麴味噌と比べ遜色なく，さらに熟成後，抗酸化効果も高まる

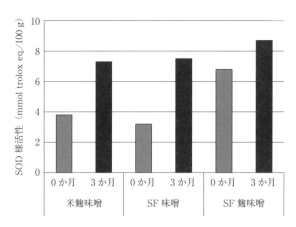

図 5.26　SF 味噌と米麴味噌の熟成期間における SOD 様活性

ことから，味噌製造時にセサムフラワーを活用することで，健康増進効果が期待されることがわかった．

e. 今後の展望

セサムフラワーに A. niger や A. oryzae を利用してセサムフラワー麹を作製し，これを発酵食品に利用することは，未利用資源の有効利用につながるとともに，抗酸化能を高めることができ，「健康増進効果」が期待される．このようにセサムフラワーは，今後，醤油や味噌に限らず，幅広い発酵食品素材への発展が期待できる素材である． 〔小泉幸道〕

文　献

1) 石山絹子他 (2005). 名古屋女子大学紀要, **51**, 27-32.
2) Fukuda, Y. et al. (2007). Effects of components from fermented sesame flour on radical scavenging activity. 98th A Joint World Congress with the Japan Oil Chemistry Society.
3) 高崎禎子他 (2010). 日本醸造協会誌, **105**(11), 749-758.

5.3.4 発芽ゴマの食品特性と登熟過程ゴマの成分変化

休眠状態から解除された種子が発芽する過程において，種子のなかでは代謝活動が活発になり劇的な成分変化が起こり機能性の向上も見られる．発芽玄米ではGABA[15]が，ブロッコリースプラウトではスルフォラファンが生成して[12]機能性が高まることが知られているほか，ソバの発芽体ではルチンなどのフラボノイド類の量的変化が抗酸化能に関与するとの報告がある[14]．ゴマに関しては，37℃暗所における発芽でのセサミン，セサモリンの急激な減少と抗酸化能の増大が報告[1]され，その要因物質として，新規リグナン配糖体が同定され，それらが強いヒドロキシラジカル消去能と脂質過酸化抑制能を有することが栗山らにより明らかにされた[5-7]．その後，ゴマ発芽時にはリグナン配糖体だけでなくカフェ酸配糖体もあり，それらの抗酸化力は作用機序が異なること，また食品としてだけでなく化粧品原料としても有効である可能性が報告された[4]．

ゴマリグナン高含有品種「ごまぞう」と在来種「関東1号」を同一条件で発芽させ，成分変化と抗酸化能について調べた石山らの報告[3]では，両品種とも発芽に伴い，セサミン，セサモリンが減少すると同時に極性成分の増加がみられ（図5.27），極性成分にはリグナン配糖体とカフェ酸配糖体が存在し（図5.28），そし

5. ゴマの食品加工と調理の科学

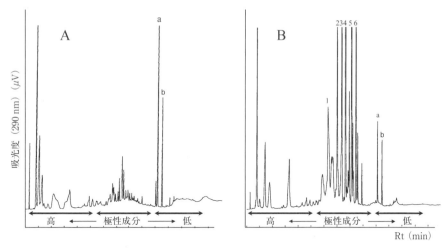

図 5.27 「ごまぞう」の発芽前と発芽後（2日目）の成分変化（HPLC）
A：未発芽，B：発芽2日目，a：セサミン，b：セサモリン．

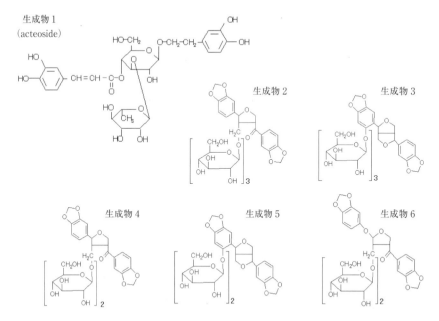

図 5.28 発芽により生成したカフェ酸配糖体（生成物1）とリグナン配糖体（生成物2～6）

5.3 ゴマの食品加工の進展

表 5.9 「関東 1 号」と「ごまぞう」の発芽におけるラジカル捕捉能の変化

	日数	DPPH ラジカル捕捉活性 トロロクス当量 (mg/100 g, $n=5$)	SOD 様活性 トロロクス当量 (mg/100 g, $n=3$)	ORAC 値 トロロクス当量 (mg/100 g, $n=3$)
関東 1 号	0	36.3±4.4	142.9±9.4	660.0
	1	35.7±9.0	185.7±111.3	674.5
	2	**166.3±12.4	*1,040.3±165.6	1,332.9
	3	**239.1±4.4	*1,918.9±313.5	1,409.2
	4	**226.7±3.9	**901.7±87.8	1,112.7
ごまぞう	0	91.5±12.8	286.0±21.9	827.0
	1	74.4±16.1	298.9±32.5	633.9
	2	**150.4±15.0	**619.4±76.0	968.4
	3	**148.5±12.2	703.5±297.6	1,019.5
	4	**288.9±11.9	1,574.3±548.5	1,130.1

t 検定の結果,発芽前 0 日との間に * は 5% の危険率で,** は 1% の危険率で有意差が認められたことを示す.

て抗酸化能もこれら成分の増加に伴い上昇していた(表 5.9).これらは栗山らの結果と一致した.しかし「ごまぞう」はもともとセサミン,セサモリン含量が多いために,発芽前のセサミン 1,052 mg/100 g seeds が 4 日目には 294 mg に減少するが,「関東 1 号」の発芽前 527 mg が 4 日目に 161 mg に減少した値と比べると,残存量は 1.8 倍と多く,「関東 1 号」における発芽前の 55% にあたる量が残存していた.このことから,「ごまぞう」の発芽体は,セサミン,セサモリンと発芽により生成するリグナン配糖体,カフェ酸配糖体を併せもつ,抗酸化能などの高い機能性を有する食材としての可能性が示唆された.また,筆者ら[11]は,市販発芽ゴマと同一条件下(10～20℃の低温流水下発芽)でトルコ産「金ゴマ」と「ごまぞう」を発芽させ,発芽過程(未発芽,17,24,48 時間後)でのリグナン量,極性成分量,アミノ酸量および DPPH ラジカル捕捉活性,SOD 様活性の測定と官能検査を行った.セサミン,セサモリン量は 37℃暗所での発芽[3]とは異なり,「金ゴマ」では発芽前のセサミン 145 mg/100 g seed が 48 時間後には 166 mg に漸増し,「ごまぞう」では発芽前 428 mg が 48 時間後に 294 mg に漸減した.「ごまぞう」48 時間後のセサミン量は,金ゴマの 48 時間後の 1.8 倍あり,セサミン,セサモリンの機能性はほぼ保たれていることが示唆された.また,発芽に伴う極性成分量(HPLC によるピーク面積での比較)は「金ゴマ」では 24 時間後まで増加し 48 時間後には減少,「ごまぞう」では未発芽が最も高く発芽とともに減少し

ていった．DPPHラジカル捕捉活性（図5.29）とSOD様活性はともに，「金ゴマ」では24時間後が，「ごまぞう」では未発芽時が最も活性が高く，極性成分量の変化と対応していた．ただし，極性成分の変化（ピーク面積の変化）と活性の変化は必ずしも一致しておらず，増加する極性成分中の抗酸化能を示す特定の化合物の増減が関与するものと考えられた．アミノ酸分析により「ごまぞう」では甘味，苦味，旨味を呈するアミノ酸含量が金ゴマよりも高く，発芽に伴い顕著な増加を

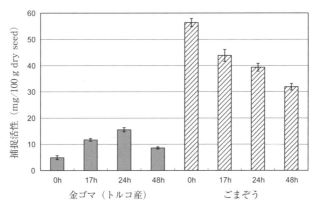

図5.29 「金ゴマ」と「ごまぞう」の低温流水下発芽によるDPPHラジカル捕捉能の変化

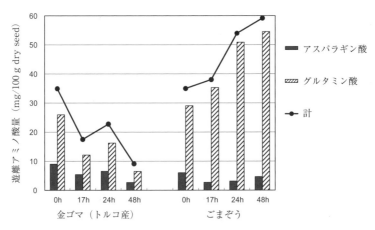

図5.30 「金ゴマ」と「ごまぞう」の低温流水下発芽による旨味を呈するアミノ酸量の変化

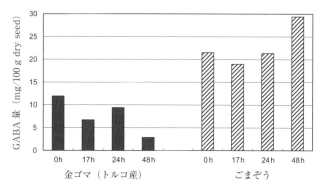

図 5.31 「金ゴマ」と「ごまぞう」の低温流水下発芽による生成 GABA 量の変化

示したが（図 5.30），「おいしさ」の評価には反映されず「金ゴマ」よりも低い評価であった．また，GABA 含量は発芽とともに「金ゴマ」では減少したが，「ごまぞう」では増加した（図 5.31）．辻原ら[13]はコレステロール 1% 添加食と無添加食のラット飼料に，24 時間発芽後，粉末化した「金ゴマ」と「ごまぞう」をそれぞれ 10% 添加して，3 週間飼育後，血清および肝組織の脂質成分などを測定した．その結果，高コレステロール食投与ラットでは血清および肝臓コレステロール濃度は上昇するが，発芽ゴマ添加群では血清コレステロール濃度が有意に（$p<0.05$）低下したと報告している．

また，三村ら[10]は黒ゴマ培養細胞より抗酸化性，抗がんプロモーター活性などを有する成分として，カフェ酸配糖体，クマール酸誘導体，エスクレン酸を同定しているし，松藤ら[9]はゴマ若葉粉末（試作品）の抗酸化活性とその成分の解析から，主要成分は栗山や筆者らの同定したカフェ酸配糖体と報告している．

最近のゴマ発芽体に関する研究では，発芽（35℃）に伴う脂質量の減少やミネラル分の増加と強い抗酸化物質のセサモールと α-トコフェロールの生成に関する報告[2]のほか，発芽（25℃）による遊離アミノ酸，GABA，総フェノール化合物量の増大とセサミン，脂質の減少や，DPPH ラジカル捕捉能と還元力の増加に関する報告[8]もある．これらの結果から，発芽による成分変化は，品種や発芽条件により影響を受けるため，おいしさと機能性を高めた発芽ゴマの開発には，詳細な条件検討が必要になることが示唆された．

登熟過程のゴマ種子中のセサミン,セサモリン量の変化や脂質量の変化についてはいくつかの報告があるが,筆者らは白ゴマ登熟過程に含有量が激減する成分(A)の推定構造と既知ゴマリグナンの含有量との関係について,日本食品科学工学会大会(2006)にて発表した.成分(A)の構造は機器分析により推定し,それほど強くはないが抗酸化能を有するリグナンの前駆体である可能性を示した.この化合物以外にも含有量が変化する成分が見られ,これらの解明は新たなゴマ食品開発につながることが期待される. 〔長島万弓・福田靖子〕

文　　献

1) 福田靖子他 (1985). 日食工誌, **32**(6), 407-412.
2) Hahm, T-S. et al. (2009). Biores. Technol., **100**, 1643-1647.
3) 石山絹子他 (2006). 日食科工誌, **53**(1), 8-16.
4) 久野憲康他 (1999). J. Soc. Cosmet. Chem. Jpn., **33**(3), 245-253.
5) 栗山健一他 (1995). 日農化誌, **69**(6), 685-693.
6) 栗山健一他 (1995). 日農化誌, **69**(6), 703-705.
7) 栗山健一他 (1996). 日農化誌, **70**(2), 161-167.
8) Liu, B. et al. (2011). Food Chemistry, **129**, 799-803.
9) 松藤　寛他 (2011). 日食科工誌, **58**(3), 88-96.
10) 三村精男 (1998). ゴマ　その科学と機能性(並木満夫編), pp 94-103, 丸善プラネット.
11) 長島万弓他 (2005). 日本調理科学会誌, **38**(6), 1-7.
12) Nathan, V. et al. (2004). Phytocemistry, **65**, 1273-1281.
13) 辻原命子他 (2009). 名古屋女子大学紀要, **55** (家政), 51-57.
14) 渡辺　満他 (2002). 日食科工誌, **49**(2), 119-125.
15) 安井裕次他 (2004). 日食科工誌, **51**(11), 592-603.

5.3.5　黒ゴマの機能性

ゴマは種皮の色によって白ゴマ,金ゴマ,茶ゴマ,黒ゴマなどに分類されるが,黒ゴマと白ゴマの一般成分の違いについてはこれまでの研究から,脂質,タンパク質は白ゴマのほうが多く,炭水化物,灰分は黒ゴマのほうが多いのが特徴である[1-3,9,10].ただし黒ゴマは他色のゴマとは区別されて,古くから老化防止的作用をもつ食品として伝承され,健康によいとされてきた.このことに着目して,筆者らは抗酸化性を指標に白ゴマと黒ゴマを比較し,種子粉砕物の溶媒抽出物では抗酸化性に顕著な差は見られないが,種皮の短時間水抽出物では黒ゴマのほうが白ゴマよりも強い抗酸化性を示すことを報告した[4].さらに,黒ゴマの加工過程で廃液とされる黒色水溶液(水洗廃液とする)を試料として抗酸化性成分を精製

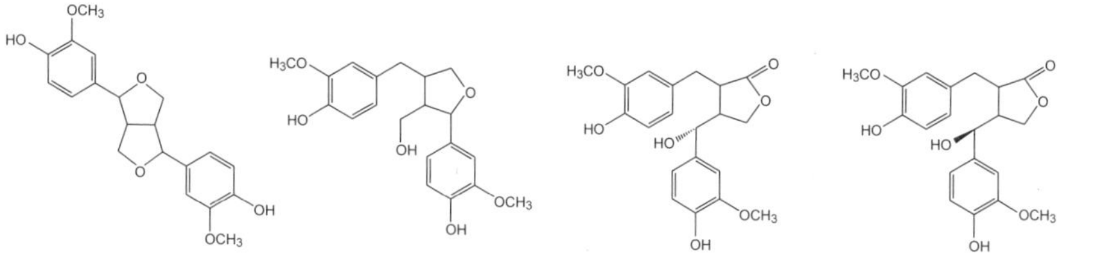

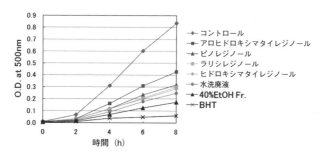

ピノレジノール
ラリシレジノール
ヒドロキシマタイレジノール
アロヒドロキシマタイレジノール

図5.32　黒ゴマ水洗廃液から得られた水溶性リグナン

O.D. at 500nm
時間（h）
コントロール
アロヒドロキシマタイレジノール
ピノレジノール
ラリシレジノール
ヒドロキシマタイレジノール
水洗廃液
40%EtOH Fr.
BHT

図5.33　抗酸化活性

リノール酸を基質とし，ラジカル促進剤（AAPH）を添加して50℃で2時間おきに測定したもの．無添加のコントロールと4つの化合物のほか，水洗廃液と水洗廃液をアンバーライトXAD-7カラムに通液したのち吸着部を40%エタノールで溶出させたものと抗酸化剤BHTの抗酸化性を比較した．

単離したところ，セサミンやセサモリンとは異なるタイプのリグナンを得ることができた．得られた4つの水溶性リグナンを図5.32に，その抗酸化活性（ロダン鉄法）測定の結果を図5.33に示す[5]．これらのリグナンは白ゴマの種皮短時間水抽出物中にも存在したが，含有量は黒ゴマのほうが数倍多く，黒ゴマの高い抗酸化性を示す根拠となる化合物の一部であることが示唆された．同様に黒ゴマの機能性を明らかにする研究は世界各地で進められており，*n*-ヘキサンで脱脂後，80%メタノール抽出物から得るセサミノール3Gやセサミノール2Gよりも高極性にある強い抗酸化力のBrown materialの存在を示すもの[8]や，75%エタノール抽出物をクロロホルムで脱脂して得られるBrown pigmentの抗酸化性を示すもの[12]，白ゴマと黒ゴマの脱脂種子（meal）粉砕物と脱脂外皮（hull）粉砕物の20%エタノール抽出物による抗酸化性を比較したもの[7]，ジクロロメタンで脱脂

したのち塩酸で加水分解して得られる Black semame pigment の抗酸化性とその成分的特徴を示すもの[6]など,まだ黒ゴマ色素そのものの正体にまではたどり着かないが,強力な抗酸化性をもつ黒ゴマ特有の成分への探求が続けられている.また,他色ゴマとの比較ではないが,黒ゴマ粉末を錠剤に加工して4週間継続摂取することによる,偽薬との血圧低下作用と抗酸化状態の向上,酸化ストレスの減少に対する影響の比較を行い,心血管疾患予防効果についての可能性を探る研究も行われており[11],今後はこのようなヒト介入試験による機能性の解明も重要性が増すと考えられる.

〔長島万弓〕

文　献

1) Bahkali, A. H. et al. (1998). *Int. J. Food Sci. Nutr.*, **49**, 409-414.
2) Baydar, H. et al. (1999). *J. Agric. Forestry*, **23**, 431-441.
3) Kanu, P. J. (2011). *Am. J. Biochem. Mol. Biol.*, **1**(2), 145-157.
4) 福田靖子他 (1991). 日食工誌, **38**(10), 915-919.
5) 長島万弓他 (1999). 日食科工誌, **46**(6), 382-368.
6) Panzella, L. et al. (2012). *J. Agric. Food Chem.*, **60**, 8895-8901.
7) Shahidi, F. et al. (2006). *Food Chemistry*, **99**, 478-483.
8) Shyu, Y-S. et al. (2002). *Food Res. Internat.*, **35**, 357-365.
9) Tashiro, T. et al. (1990). *J. Am. Oil Chem. Soc.*, **67**, 508-511.
10) Unal, M. K. et al. (2008). *Grasas Aceites*, **59**, 23-26.
11) Wichitsranoi, J. et al. (2011). *Nutritional J.*, **10**, 82.
12) Xu, J. et al. (2005). *Food Chemistry*, **91**, 79-83.

6 ゴマ油の特性と食品・調理加工

❦ 6.1 ゴマ油の種類と特徴 ❦

　ゴマは食品や油の原料として重要な種子である．含油量も50〜55％と多く，種皮も比較的薄いので，油を分離しやすい．ゴマ油は不飽和脂肪酸のオレイン酸（約40％）とリノール酸（約45％）の半乾性油（ヨウ素価，100〜115）に属し，食用油（ドレッシング油，炒め油，揚げ油）のみならず，薬用やスキン用の油（医薬部外油）として幅広く利用されている．エジプト文明の頃（紀元前3000年）から，ゴマ油は薬用や灯用，食用として重要であった．さらに，インドではインダス文明以前から，ゴマ油に薬草エキスを溶解した薬用ゴマ油は病気治療，予防用であり，その伝統はアーユルヴェーダ伝統医学に引き継がれて，現在でも治療の一端を担っている（p.118参照）．

　ゴマはアフリカからインド，西アジアそして東アジアへと伝播しているが，西アジアでは皮むきゴマから搾油するサラダ油型のsesame oilを，東アジアでは焙煎ゴマから搾油するorient type sesame oilを製造し，使っている[13]．

　種子を炒って搾油する焙煎種子油には，ゴマ油のほか，ラッカセイ油（中国の落生油）やナタネ油（日本の赤水）もあり，東アジアでの利用が多い．なかでも，焙煎ゴマ油は琥珀色〜濃褐色で，ゴマ独特の芳香があり，古来から中国や韓国料理の基本調味油となっている．日本では，ゴマの炒る温度と時間を巧みに調整した深炒（煎）り〜中炒り〜浅炒りゴマを原料とした"色と香り"の異なる油が製造されていて，調味油，炒め油，天ぷら油などに使用している[13]．また，未焙煎ゴマ（生ゴマ）から，冷圧法で搾油し，ろ過により不純物を除いた生搾りゴマ油も出回っていて，スキンオイルにもなっている[13]．

6.2 ゴマ油のリグナン類

ゴマリグナン類は，栽培種（*Sesamum indicum* L.）には，10種ほどが同定されている（図3.1参照）．その約80%は脂溶性のセサミンとセサモリンであり，搾油のときに，原（粗）油中に高濃度（約1%）に溶出してくる．しかし，ゴマ油は製造法（6.5節参照）が2通りあって，未焙煎ゴマから精製するsesame oilでは，脱色工程の脱色剤（酸性白土）によって，セサモリンのアセタール酸素架橋部位で開裂してサミンとセサモールに分離する．その後の加温（約70℃）・脱水工程で，非水系となった油のなかで，サミン分子内の不安定なオキソニウムイオン部位にセサモール側の電子が接近し化学的分子内転位反応が生じ，セサミノールに変換される[2,3,22]（図6.1）．このため精製ゴマ油のリグナンはセサミノールとセサミンである．一方，焙煎ゴマ油は焙煎ゴマを搾油した後，ろ過による精

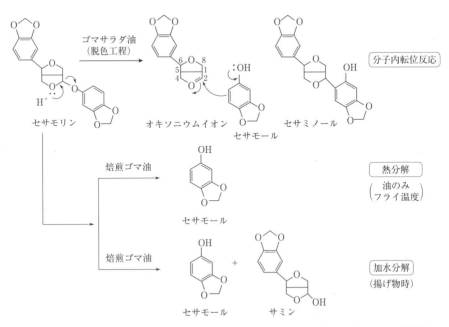

図6.1　セサモリンの化学的反応および分解スキム：ゴマサラダ油精製（脱色工程）時および焙煎油フライ加熱時

製のため，セサミンとセサモリンである．ところが，セサミノール配糖体の多い品種では，焙煎時に一部が分解して，微量のセサミノールが油中に検出され[18]，高温で種子を焙煎した油では，セサモリンの約10%が分解してセサモールになっているため，セサモリン・セサミンと微量のセサモールやセサミノールを含む油もある．

さらに，セサモリンはフライ温度160℃以上で分解が進み，セサモールが急速に増え（油中約0.1%），その後徐々に減少する[7,10]．一般家庭で，焙煎ゴマ油だけ，または30%以上焙煎ゴマ油を混合した油でフライすると，抗酸力のあるセサモールが急増して，油の熱酸化を防止し，油の重合を防ぎ，揚げ物はカラッと揚がる．しかも使用後の油のほうが使用前の油より抗酸化性が高くなる[7]．このようにセサモリンは抗酸化力はないが抗酸化前駆体として重要な成分である．

日本農林規格のゴマ油の分類と科学的性状を表6.1にまとめた．3種の油に共通するリグナンはセサミンである．セサモリンとセサモールは焙煎油に，セサミノールは精製油に多く含まれる．両ゴマ油を混合したり，焙煎条件などによっては，セサミン，セサモリン，少量のセサミノール，セサモールを含む油もある．

セサミンの健康機能に関しては，ビタミンE増強作用，腸管からのLDL吸収阻害，遺伝子レベルでの脂肪酸合成阻害などの研究が動物実験で著しく進んでいる（第4章参照）．しかし，セサミンの油に対する抗酸化力はきわめて弱い．一方，

表6.1 ゴマ油の種類と特徴

	焙煎ゴマ油	ゴマサラダ油	調合ゴマ油
日本農林規格	純正ごま油	精製ごま油	調合ごま油
商品名（例）	純正胡麻油，純正香油，胡麻油（濃口・金口・淡口）	太白ごま油，純白ごま油	調合香油（他の油と調合）
製法	炒ったゴマから搾油，数回の静置ろ過と沈殿物除去	炒らないゴマから搾油 精製工程：脱酸・脱色・脱臭	焙煎ゴマ油との混合油が多い
性状	ゴマの芳香，着色，透明	無臭，淡黄色，透明	ゴマ香弱い，淡褐色，ゴマ油は30%未満が多い
抗酸化成分（酸化防止成分）	セサモリン・セサモール・ビタミンE・褐変成分	セサミノール・ビタミンE	セサモリン・セサモール・ビタミンE
健康機能成分	セサミン・セサモリン	セサミン・セサミノール	セサミン・セサモリン

セサミノールはフェノール性水酸基を有し，生体内，食品系とも強い抗酸化作用を示す．セサモリンはフライ時（160℃～）に分解し，セサモールを生成する抗酸化前駆体である[6-8]．

❰ 6.3 ゴマ油の酸化安定性の特徴－自動酸化と熱酸化－ ❱

油脂は食用だけでなく，スキンオイルや潤滑油など，生活必需品でもある．しかし，不飽和脂肪酸の多い油は分子内の不飽和結合の数が多いほど，不飽和結合に隣接するH・の引き抜きに始まる連鎖的酸化反応（自動酸化）が進行し，次々と過酸化物ができ，さらに二次的に低分子カルボニル化合物などを生成して，劣化臭の原因ともなる．

一方，調理加工では，油は高温（200℃くらい）の熱媒体として，炒め油やフライ油として使用する．フライ時の油の酸化は油の温度や時間，食材の影響を受けるが，自動酸化と違い，油の熱分解や熱重合などさまざまな化学反応が短時間に進行する．そのため，油の熱酸化生成物は，熱分解で生じるアルケナール類や低分子アルデヒド類，さらに熱重合物など，油による胸やけの原因となっている．

6.3.1 ゴマ油の自動酸化安定性

ゴマ油のきわめて高い酸化安定性については，前版で説明した[19]．すなわち，2通りのゴマ油と市販植物油（ダイズ，ナタネ，コーン）を酸化促進（60℃）下で比べると，酸化開始までの日数が，市販植物油はおのおの4，5，11日に対し，精製ゴマ油は35日，焙煎油は50日以上となり，2通りのゴマ油とも市販植物油に比べて，抗酸化性が著しく高かった．なかでも焙煎油はまったく劣化が認められなかった[19]．次に，その要因について，種子焙煎温度と油の抗酸化性を調べると，焙煎温度が高いほど油の褐変度が高くなり，セサモールも増え，抗酸化力も強くなった（表6.2）．さらに詳細な焙煎条件（温度と時間）の油で検討した結果，褐変度と油の抗酸化力には高い相関（$r=0.8377$）が認められ，褐変成分の関与が示唆された[9,11,12,17]．そこで，200℃5分焙煎ゴマから分離した（既知抗酸化関連成分トコフェロール，セサモール，セサミン，セサモリンを含まない）濃褐色のメタノール溶出濃縮区分とゴマ油中の抗酸化成分と組み合わせ，モデル系で抗

6.3 ゴマ油の酸化安定性の特徴－自動酸化と熱酸化－

表 6.2 ゴマ種子焙煎温度による油の色, 抗酸化成分, 抗酸化力

焙煎温度	色[*1]		褐変度[*2] (420 nm)	熱メタノール 抽出物 (%)	γ-トコフェノール (mg/100 g)	セサモール (mg/100 g)	抗酸化力[*3] (重量増加率)
120℃	0.4R	7.0Y	0.075	1.81	31.7	1.2	4.12
180℃	1.0R	20.0Y	0.162	1.89	37.4	1.7	3.76
200℃	3.0R	40.0Y	0.300	1.95	34.1	5.1	0.20
基準油	11.9R	50.0Y	0.615	2.33	25.6	12.0	0

[*1] ロビンボンド法, [*2] 0.25 g/ml (イソオクタン), [*3] 60℃ 50日目.

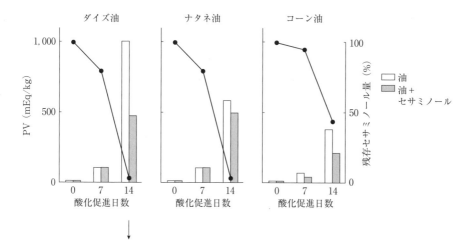

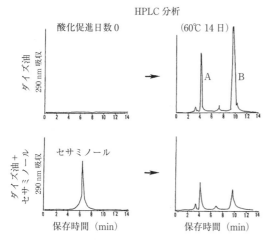

図 6.2 0.1% セサミノール添加油の酸化安定性とセサミノール添加ダイズ油 60℃ 14 日の HPLC パターン[13]

酸化性を比較すると，褐変区分のみでは抗酸化性は認められなかったが，抗酸化成分3種と混合したときが最も高い効果が認められた[9,11,12,17,19]．この結果から焙煎油の油溶性褐変区分は，抗酸化成分のシネルギスト（相乗剤）として作用していることが示唆された[9,11,17,19]．

一方，精製ゴマ油の酸化安定性は，筆者らが見出したセサミノールとトコフェロールである．セサミノールはゴマ種子中にも配糖体として0.3%ほど存在している．セサミノールの抗酸化力を他の植物油に0.1%添加し（ゴマ油とほぼ同量），劣化促進（60℃ 14日）後，抗酸化力，セサミノールの変化およびフェノール化合物の変化をHPLCで調べたところ[14]（図6.2），3種の油とも，セサミノール添加により酸化が抑制された．特にダイズ油では添加油のPOVは，無添加油の約1/2であった．劣化促進後のHPLCピークに変動が認められ，ダイズ油のみでは油の酸化で顕著なピークA,Bが生じたが，添加油ではセサミノールのピークが激減し，ピークA,Bとも生成量が少なかった[14]．すなわち，セサミノールのフェノール性OH基がダイズ油の酸化を防止し，ピークABの酸化生成物を抑制し，その結果，セサミノールは減少したと推定される．これらの種子油には抗酸化ビタミンのビタミンEも含まれているので，複数の抗酸化成分存在下の抗酸化機構は今後の課題である．

なお，このセサミノールは結晶状に得られやすく，無味無臭であり，安全性には問題ないことから，食用油や食品の天然抗酸化剤として有用と考えられる．

6.3.2 ゴマ油の熱酸化安定性

ゴマ油（焙煎油）特に古来からの純正ゴマ油は江戸の天ぷら油として有名であり，その伝統は今も老舗天ぷら店で引き継がれている．天ぷら職人は，独特の風味とともに胃もたれや胸やけしないため，リピーターが多いとその理由を語っている[13]．

天ぷらやフライ食品による胸やけなど不快感に関する研究はきわめて少ないが，高温加熱時の油の180℃前後の熱酸化で生じた成分が，生体に何らかの影響を与えたものと思われる．生体内では脂質過酸化過程で生成するHNE（ヒドロキシノネナール）やアクロレインなど反応性の高い低分子不飽和（α, β）アルデヒド類がタンパク質とアダクトを作り，酸化傷害の要因となる[15]．そこで，4種

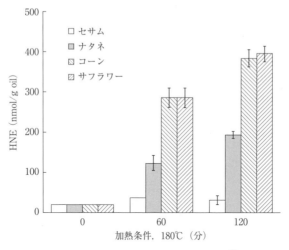

図 6.3 食用油フライ加熱時の HNE 生成量[23]

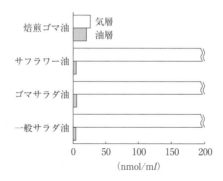

図 6.4 食用油フライ加熱時のアクロレイン量（18℃ 30 min）[16]

の市販油を 180℃で加熱し，生成する HNE 量を内田らの開発したモノクローナル抗体の ELISA 法で測定した[15]．その結果，4 種の油のなかで，焙煎ゴマ油は HNE 生成を著しく抑制していた[23]（図 6.3）．焙煎ゴマ油をフライ油に使用すると，揚げ物の HNE など低分子不飽和アルデヒド類の生産量が少ないため，フライ食品摂取後の生体内酸化傷害を防ぎ，胸やけなどを発症しなかったものと思われる．さらに，フライ時に経験する「油酔い」の原因であるアクロレインについて，フライ油から捕集する装置を組み立て，同様に内田らの ELISA 法でその量を測定したところ（図 6.4），油中ではなく，油から空気中に気化していたが，焙煎ゴ

マ油のみ生成が著しく抑制されていた[11]．焙煎油で HNE やアクロレインなどの有害な低分子不飽和アルデヒド類の生成が抑制されたのは，2種の抗酸化成分（トコフェロール＋セサモール）と褐変成分（シネルギスト）との相乗的作用と推定される．

実際，天ぷら店ではさし油をするごとに抗酸化前駆体のセサモリン，トコフェロール，褐変成分が補給され，材料を揚げるときにはさらにセサモリンからセサモールが生成し，抗酸化成分が補給されている．そのため，焙煎ゴマ油をフライ油として使うとき，さし油をすることでセサモリンが補給され劣化していない油を長時間使い続けることができるのである．

このようなフライ中に抗酸化成分が再生する天ぷら油は焙煎ゴマ油を除きほかにはない．老舗の天ぷら店が焙煎ゴマ油を使う理由は，香りとともに，焙煎油中の2種の抗酸化成分（トコフェロールとセサモール）とシネルギストの褐変成分という熱酸化防止の3重構造にあるといえよう．

6.4 ゴマ油の健康機能

ゴマ油には健康機能成分として注目されているリグナン類のセサミン，セサモリンに加えて，精製法によりセサミノールも含まれている（表6.1）．

ゴマ油は古来からインドではアーユルヴェーダ伝統医学の薬草を溶解する油として使用され，今日に至っているが，その薬理作用に関する物質レベルでの科学的知見は少ない．

ゴマ油の健康機能に関する研究では，ゴマ油をラットに経口投与した場合，4-NQO による酸化 DNA 損傷を抑制し，血中脂質過酸化度が平均35%減少したなど，生体内酸化防止に有用であるとの報告[14]や2型糖尿病患者の抗糖尿病薬（glibenclamide）とゴマ油の相乗効果に関する研究[15]，APAP（acetaminophen）による急性肝障害に対して，ゴマ油を経口投与すると各種のパラメーターおよび肝障害の改善が認められたとの報告[16]，また genntamisin による腎障害に対してゴマ油の1, 2, 4 ml/kg 経口投与により，腎障害の指標が改善されたなどの報告[23]もある．しかし，これらの研究はいずれもゴマ油であって，その要因となる成分やメカニズムについては不明である．

〔福田靖子〕

文　　献

1) Arumugam, P. et al. (2011). Drug. Chem. Toxicol., **34**(2), 116-119.
2) Chndrasekaran, V. R. et al. (2010). JPEN. J. Parenter. Enteral. Nutr., **34**(5), 567-573.
3) Fukuda, Y. et al. (1985). Agric. Biol. Chem., **49**, 301-306.
4) Fukuda, Y. et al. (1986). J. Am. Oil Chem. Soc., **63**, 1027-1031.
5) Fukuda, Y. et al. (1986). Heterocycles, **24**, 923-926.
6) Fukuda, Y. et al. (1986). Agric. Biol. Chem., **50**, 857-862.
7) Fukuda, Y. (1987). J. Home Econ. Jpn., **38**, 793-798.
8) Fukuda, Y. et al. (1988). 日食工誌, **35**, 28-32.
9) Fukuda, Y. (1990). Annu. Rep. Stud. Food Life Cult. Jpn., **7**, 14-25.
10) Fukuda, Y. (1994). Food Phytochemicals for Cancer Prevention II (AOS Symposium Series 547, Chi-Tang, H. et al., eds.), pp. 264-273, American Chemical Society.
11) Fukuda, Y. et al. (1996). 日食科工誌, **43**, 1272-1277.
12) 福田靖子 (2001). 平成11年度科学研究費（基礎研究（C)(2)）研究報告書, p 7.
13) 福田靖子 (2013). 科学でひらく　ゴマの世界, p.89, 建帛社.
14) 福田陽子 (2002). 名古屋女子大学卒業論文.
15) 小林貞作・並木満夫編著 (1989). ゴマの科学, 朝倉書店.
16) 小池美穂 (1999). 静岡大学大学院教育研究科修士論文.
17) Koizumi, Y. et al. (1996). 日食科工誌, **43**, 689-694.
18) Kumazawa, S. (2003). J. Oeeo Sci., **52**, 303-307.
19) 並木満夫編著 (1998). ゴマ　その科学と機能性, 丸善プラネット.
20) Periasamy, S. et al. (2010). Am. J. Nephrol., **32**(5), 383-389.
21) Sankar, D. et al. (2011). Clin. Nutr., **30**, 351-358.
22) Utida, K. et al. (1996). Biochem. Biophys. Reseach Comm., **212**, 1068-1073.
23) 矢代哲子 (1996). 静岡大学大学院教育研究科修士論文.

◀ 6.5　ゴマ油製造工程 ▶

　ゴマ油には，ゴマを焙煎・搾油・ろ過をした琥珀色で芳醇な香りが特徴である焙煎ゴマ油とゴマを焙煎せずに生のまま搾油・化学精製した精製ゴマ油の2種類がある．焙煎したゴマ油を食するのは，日本，中国，韓国の3か国だけである．日本おいても，独自の伝統的な製法が受け継がれており，現在でも，焙煎ゴマ油の製造工程はほとんど変わっていない．焙煎機，搾油機は機械化が進み，安定した焙煎と搾油効率のよい，高品質なゴマ油を搾油できるようになっている．近年では，日本の焙煎・搾油技術が，中国，韓国に広がっている．欧米では，生搾油や精製ゴマ油が主に使用されているが，日本食の広がりにより，焙煎ゴマ油の使用が増加している．

　図6.5, 6.6に焙煎ゴマ油の製造工程，精製ゴマ油の製造工程をフローシートに

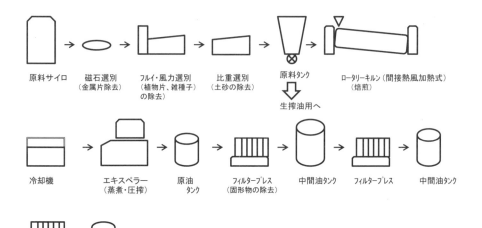

図 6.5　焙煎ゴマ油製造工程

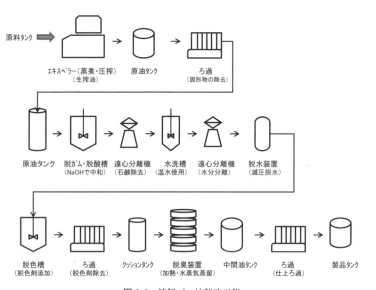

図 6.6　精製ゴマ油製造工程

示す.

6.5.1 ゴマ種子原料

ゴマ油は年間約 45,000 t 生産されており,原料となるゴマ種子の日本での栽培数量は少なく,ほとんどが海外からの輸入原料で賄われている.搾油用ゴマ種子原料の産地はアフリカが主流となっている.

6.5.2 焙煎ゴマ油

焙煎ゴマ油は,ゴマ種子原料を焙煎した後,圧搾法で搾油したもので,焙煎香味と色が特徴である.化学精製を行わずに,静置(熟成)とろ過を繰り返し,油に溶け込んでいるゴマ成分を析出,沈降させて取り除き製品化する.ゴマ種子の焙煎条件を変えることにより,香りと色が違うものができあがる.原料選択,焙煎条件などがメーカーのノウハウである.

また,精製ゴマ油とブレンドすることにより,幅広い製品が展開されている.天ぷら用(淡白),和食用(淡口),中華料理・韓国料理用(濃口)など調理法,味つけの違いにより,求められる焙煎ゴマ油の香味の質,力価の違いがある.ゴマ油メーカーは焙煎度合いを変えることにより,香味の違う焙煎ゴマ油を製品化している.

今後の課題として,原料の多角化,環境面,省エネなどへの設備の検討が必要となる.

焙煎ゴマ油の製造工程の概要を表 6.3 にとりまとめた.

焙煎工程は,焙煎ゴマ油の品質を決定する重要な工程である.各社は,安定し

表 6.3 焙煎ゴマ油製造工程概要

工程	作業内容	目的
原料精選	夾雑物の除去	ゴマ油の風味向上
焙煎	ゴマ種子の焙煎	香気成分,抗酸化性物質,色の発現
冷却	焙煎ゴマ冷却(空冷・水冷)	焙煎した風味の保持
蒸煮	焙煎ゴマの水蒸気処理	搾油効率の向上
圧搾	搾油機による搾油	最大圧力 500 kg/cm^2 での搾油
一次ろ過	ろ布によるろ過	圧搾時のゴマ固形物の除去
静置	タンクによる熟成	タンパク質,リン脂質の沈降分離
仕上ろ過	ろ紙によるろ過	タンパク質,リン脂質の除去

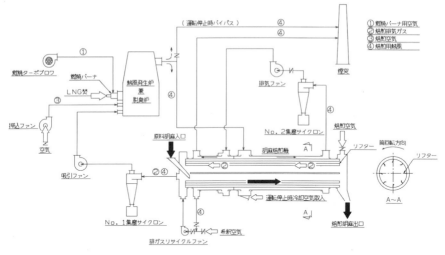

図6.7 焙煎機模式図

表6.4 精製工程フロー

精製工程	工程説明
脱ガム	リン脂質・ガム質を水和により分離・除去
アルカリ脱酸	遊離脂肪酸を苛性ソーダでアルカリ石鹸として分離・除去
水洗	水洗いにより石鹸分，アルカリ分を除去
脱色	活性炭・活性白土を用いて色素成分（カロチノイド・クロロフィル）を吸着・除去
脱臭	減圧下での水蒸気蒸留により有香成分，脂肪酸の除去
ウインタリング	冷却ろ過によりワックス分の除去

た焙煎ゴマを得るために，焙煎管理面，環境面，省エネルギーに優れている間接熱風加熱型二重式ロータリーキルンを主に採用している．

排熱回収型の間接熱風加熱型二重筒式ロータリーキルンの模式図を図6.7に示す．

焙煎ゴマ油の焙煎度合いと香気成分の関係に関しては，研究が進んでおり，香気成分として400種以上の香気成分が報告されている．

6.5.3 精製ゴマ油・ゴマサラダ油

精製ゴマ油，ゴマサラダ油は，選別したゴマ種子を焙煎することなく，搾油された生圧搾原油を化学精製することにより製造される．生搾油原油の製造までは

焙煎ゴマ油と同様のフローである．精製工程の概要を表6.4に示す．

精製ゴマ油は，他の植物油と同様の精製工程で製造される無臭で淡黄色の油である．精製段階で生成される抗酸化成分のセサミノールにより，酸化安定性，熱安定性がよく，天ぷらなどの加熱調理に使われるほか，化粧品原料，軟膏基剤油などに使用されている．

〔かどや製油株式会社〕

❖ 6.6 ゴマ油—今後の展望— ❖

紀元前から人類が体験し伝承してきた「ゴマは身体によい」という3000年以上にわたる「経験知」が科学的に解明されてきた現在，ゴマ油は酸化安定性からも，健康機能成分—リグナン類とビタミンE—を含有すること，さらに，健康機能の基礎研究やヒト介入試験などの実績から，健康増進を目途とした油となりうるだろう．

最近，高品質，高品格，さらに高健康機能の観点からのゴマ品種・ゴマ油に関する研究は活発になっている．第一に，リグナン含量の多い品種（第2章）の開発と栽培が促進され，高リグナン油の製造も可能となった．第二に，新しい分別抽出法である超臨界CO_2抽出法はきわめて有効である．従来の焙煎ゴマ油は不純物のみの除去であったが，超臨界抽出法では，抽出時間による分画が可能となった．焙煎ゴマ油では抽出初期に，香気成分，リグナン類，抗酸化性とも高い良質な油，すなわち，高品質で機能性成分を高濃度に含むゴマ油を分離することが可能となった．特に，抽出初期にセサミンとセサモリンが高濃度に析出することから，リグナンの分離精製にも有効である[1,2]．この抽出法は，価格的問題はあるものの，有望な製造法である．

〔福田靖子〕

文　献

1) 小池美穂（1999）．静岡大学大学院教育研究科修士論文．
2) Namiki, M. *et al.* (2002). Bioactive Compounds in Foods (ACS Symposium Series 816), pp. 85-104, American Chemical Society.

7 ゴマの生産と需要の動向

❰ 7.1 世界のゴマ生産・需給と今後の展望 ❱

　世界のゴマ生産については正確な統計がないのが実情であるが，OIL-WORLD誌によれば，ゴマの総生産量は2011/12年度で374万t，2001/02年度が325万t，1990年代前半が約230万t，80年代前半が約200万tであり，穀物相場の上昇を背景に，旺盛な需要にも支えられて，平均年率1.9%の増産が続いており，30年で約1.8倍増大した（表7.1）．上位の生産国は，インド，ミャンマー，中国，スーダン，エチオピアであり，この5か国で全体の2/3を占めている．上位4か国の順位は不動であるが，経済発展が著しいインド，中国では今後生産量が減少していくことが予想される．それに代わってエチオピアをはじめとするアフリカ諸国が生産を伸ばし，南米諸国で食用ゴマの生産が本格化されてきたのが近年の特徴である．ゴマは他の作物に比べ単収が低いうえに機械化対応が遅れているため，土地生産性が低く，開発途上国での生産が多い．ゴマ栽培によって経済力が高まりインフラが整ってくると，ゴマ栽培を放棄してより経済性の高い作物に移行する傾向もある．同じ生産国であってもより奥地へ，辺鄙地へと栽培地域は移動しており，労働力が安価で，栽培に対して投資が十分に行えない地域がゴマ生産を担っている．こうして雨水に依存した栽培が中心であるために，旱魃に強いとされるゴマであっても，近年の慢性的な天候異変の影響を受けて，好不作による生産量の変動が大きいことが特徴でもある．

　ゴマの主な消費地は東アジア，南アジア，イスラム諸国であり，そのなかでも経済発展した国々での需要が大きく増加しているのに加え，西欧諸国でも，健康イメージ食材ということで需要が伸びている．すでに中国では自国生産では賄え

7.1 世界のゴマ生産・需給と今後の展望

表 7.1 世界の生産状況（2万t以上の生産国）

国名	収穫期(月)	生産量（千t）											単収(t/ha)	収穫面積(千ha)
		00/01	01/02	02/03	03/04	04/05	05/06	06/07	07/08	08/09	09/10	10/11	11/12	06/07～10/11 クロップ平均	
インド	10～11	587	730	620	800	710	700	690	720	600	730	740	750	0.38	1,820
ミャンマー	9～10	296	426	399	501	500	570	580	620	610	620	580	620	0.38	1,572
中国	8～10	812	804	800	594	705	626	663	558	586	623	588	587	1.22	497
スーダン	10～12	282	262	274	300	280	277	320	242	350	318	248	280	0.21	1,383
エチオピア	10～12	25	60	74	85	122	247	149	187	255	261	314	216	0.85	275
ウガンダ	8～9	97	102	106	110	110	161	166	168	173	178	170	173	0.60	283
ナイジェリア	7～1	72	74	73	80	78	100	100	105	90	150	165	155	0.46	286
タンザニア	5～8	97	102	106	41	41	55	48	48	48	144	100	110	0.73	151
ニジェール	10～12	0	0	0	20	20	20	44	22	25	76	86	80	0.56	108
ブルキナファソ	8～12	7	31	21	29	23	161	23	27	27	56	91	72	0.60	83
メキシコ	8～11	41	43	20	31	31	20	29	29	34	29	37	51	0.59	51
中央アフリカ	10～12	37	39	41	43	43	43	46	48	49	50	50	49	0.61	80
タイ	9～11	39	40	41	41	41	42	41	43	43	43	43	42	0.65	66
エジプト	8～9	37	35	37	37	37	37	42	42	37	51	46	42	1.29	34
グアテマラ	9～11	19	32	32	34	35	25	37	31	38	38	39	38	0.97	37
チャド	10～12	33	43	35	35	35	35	35	40	39	35	37	37	0.37	99
パキスタン	9～1	51	70	19	25	30	35	30	33	41	33	31	34	0.43	79
バングラデシュ	9～11	49	49	49	49	49	37	29	27	33	32	32	33	0.86	35
アフガニスタン	9～11	23	23	23	30	31	32	32	32	32	32	32	32	0.68	47
マリ	10～12	0	0	0	7	7	0	0	0	8	22	28	27	0.75	20
ベネズエラ	11～2	33	27	6	15	35	49	26	27	25	22	24	25	0.57	44
ソマリア	10～12	22	22	22	22	22	22	22	22	22	22	22	22	0.31	70
イラン	8～10	27	27	28	28	28	28	28	28	28	28	28	28	0.70	40
パラグアイ	2～4	8	20	36	25	41	50	70	65	77	40	50	20	0.73	80
トルコ	8～9	24	23	22	22	23	26	27	20	20	21	22	23	0.71	31
合計		2,870	3,250	3,041	3,212	3,317	3,544	3,522	3,406	3,520	3,847	3,800	3,743		
平均単収		0.39	0.44	0.45	0.45	0.47	0.46	0.47	0.44	0.46	0.50	0.48	0.48		
収穫面積		6,699	7,359	7,281	7,070	7,126	7,743	7,227	8,005	7,657	7,715	7,909	7,723		

ず2006年より輸入国に転じた後も急速に輸入量を増加させており，年間40万tのゴマ大輸入国となっている．上述したように生産量は増加しているものの，需要の増加に追いつけない状態となっており，貿易流通量は130万tに膨らんだものの，依然，需給の逼迫感は厳しい状態が続いている（表7.2, 7.3）．

一方で，単収はあまり変わっておらず，今後も増産を継続するには，もはや新たな大産地が出現する余地はあまりなく，他作物に競合できるよう，単収を上げ機械化に対応できるような技術革新が不可欠な時期に入っているといえる．

表7.2 世界の主なゴマ輸出国（3万t以上）
（単位：千t）

	10/11	09/10	08/09	07/08	06/07
インド	385.2	287.9	172.4	323.5	242.4
エチオピア	238.2	235.1	249.2	125.3	141.1
ナイジェリア	143.0	135.1	92.6	96.5	75.9
スーダン	140.9	118.5	121.5	102.3	136.1
タンザニア	68.5	58.9	72.2	27.6	21.4
ミャンマー	36.4	66.9	60.9	119.5	45.3
パラグアイ	43.1	46.2	48.3	42.5	45.5
中国	35.0	38.5	29.3	45.9	42.8
計	1,357.4	1,263.6	1,099.3	1,095.4	966.9

表7.3 世界の主なゴマ輸入国（3万t以上）
（単位：千t）

	10/11	09/10	08/09	07/08	06/07
中国	408.5	343.3	334.3	220.8	138.5
日本	152.7	164.3	112.2	195.2	167.3
トルコ	104.5	100.4	76.1	101.1	106.7
韓国	96.9	67.7	75.6	61.4	64.8
ベトナム	82.5	20.3	13.2	4.7	2.6
シリア	50.2	53.0	55.5	45.9	48.1
イスラエル	47.2	44.9	29.5	37.2	32.5
台湾	39.4	44.8	37.1	33.1	38.0
EU27か国	113.6	109.4	104.9	119.9	109.4
アメリカ	36.7	36.6	34.3	40.1	43.0
計	1,378.6	1,216.0	1,098.1	1,091.2	966.2

〔カタギ食品株式会社〕

文　　献

1) Oil World Annual, 2006, 2009, 2012.

7.2　日本のゴマ生産

　ゴマは奈良時代から日本の食文化に根づいてきた作物であり国内栽培の歴史は古い．わが国では比較的高温と乾燥を好むため，北海道以南の湿害が少ない畑地で広く生産が行われてきた．

　ゴマは小さな種子の中に油脂を50％程度も含み栄養成分が優れるが，経済的な栽培は少なく，自家用栽培が中心であった．戦後の農地改革の実施，農地法の制定から農業振興が図られて以降，ゴマは油糧作物として換金性が高まり生産が増加した．1955年には作付け面積が10,000 ha，収穫量が6,000 tを超え，史上最高を記録するまでになった．栽培地帯では戦後一貫して埼玉県と茨城県が上位を占め，ソバ，ナタネ，サツマイモなどと畑地において輪作栽培されてきた．

　1961年の農業基本法の制定に伴う米価の上昇，ダイズの輸入自由化といったように農政が転換し，また技術の上でも，昭和30年代の小型トラクターの普及，1965年頃からの田植機の普及が始まった．このため規模拡大・機械化を伴った

稲作の普及，油糧用ダイズの輸入増により，収穫・調整作業に手間取るゴマの生産は漸減し続けた．ゴマは1967年を最後に農林水産省の統計調査から外れ，都道府県からの産地情報とりまとめによると1975年以降，現在でもゴマは500 ha前後が国内栽培されていると想定される．関東以北でも，ゴマはシソ科のエゴマ (*Perilla frutescens*) とともに農家のタンパク質・脂質源として自家用栽培され，現在でも残っている．

最近では，農地・水田の高度利用や地域の6次産業化推進の観点からゴマの生産・加工が見直され，地域住民とともに各地で生産活動が展開されている．これらの地域は南日本や西日本が多く，主なところでは，鹿児島県（南さつま市，喜界町），長崎県（島原市）などがあげられる．

一般的なゴマの栽培暦では，5月中下旬に播種し，7月に開花，9月上中旬に収穫し，乾燥・調整する[2]．関東以南では7月中下旬まで播種が可能であり，この場合の収穫は10月下旬となり，5月に播種したゴマとの収穫作業の競合が回避され，作付け規模の拡大が可能である．ゴマは乾燥を好むため，特に水田転換畑などには暗渠・明渠などの排水対策を促し，10〜15 cmの高畦栽培が望ましい．ゴマは肥料成分が窒素（N），リン酸（P_2O_5），カリウム（K_2O）がそれぞれ10 kg/10 a程度を必要とし，より多肥の条件では成熟期が遅れるものの多収となる．また，石灰については100 kg/10 aが望ましい．一方で有機栽培も実践されており，化学肥料は使わずに堆肥1 t/10 a以上を施用するところもある．なお，ゴマは連作を繰り返すことにより開花期以降に突然枯れ上がるゴマ萎ちょう病が発生しやすい（図7.1）．これは土壌菌 *Fusarium oxysporum* によるもので，有効な防除法はなく，適正な輪作と湿害対策を心がける必要がある．移植栽培もあるが直播栽培の方が一般的である．

ゴマは種子が小粒であることから1か所に複数粒を播種し，覆土は数mm程度と浅くし，出芽しやすいように心がけ，順次，必要な株立ち本数まで間引く．畦幅は70〜100 cmで，株間は15〜20 cmが一般的であるが，株立ち本数は1本から数本まである．刈り取り・結束を効率的にするために，主茎はあまり太くなく，分枝は少ないほうが望ましいため，株立ち本数を増して生育を抑制する事例が見られる．マルチ栽培は寒冷地の生育促進が主な目的であったが，近年では除草対策の観点から南日本でも導入されている．また，一部の地域では，ゴマ種子の充

図7.1 ゴマ萎ちょう病による被害
開花期以降急速に進展し収穫が皆無となることもある．連作により被害が増大するため他の畑作物と輪作することが望ましい．

図7.2 ゴマのバインダ刈り
従来の稲刈り用バインダの刈り取り高さを上げて利用している．手鎌で刈り取り，結束するよりも大幅に作業効率が高い．

実を促すために収穫期の2～3週間前に頂芽を摘み取る摘心作業が行われている．

収穫は手鎌による手刈り作業が一般的であったが，平成に入ってから形成された新たなゴマ産地では稲刈りバインダを応用し，刈り取り・結束する事例が多くみられる（図7.2）．これにより従来の手刈り・結束から大幅に収穫作業が省力化され10aあたり約30分で終了する．結束後はハウス内で乾燥させ，脱粒，調整する．なお，ゴマは粒色が重視されるため，同一産地で種皮色の違うゴマを栽培するときは，前作のゴマの色や共有機械の清掃に注意する．また，ゴマは自花受粉作物であるが，隣接株の花粉でも受粉することがあるので[3]，種子生産と一般生産の圃場は分けるべきである．

各産地ではゴマの高付加価値化に向けてさまざまな取り組みが実践されており，たとえば調整にあたっては，粒の品質を高めるために，唐箕選の改良，ゴマ用の石抜き機や色彩選別機の導入が計られてきている．栽培講習会や収穫品の「目合わせ」，他産地との交流，独自商品の開発などといった積極的な展開も行われている．

ゴマの栽培・6次産業化には，以下のようにいくつかのメリットが考えられる[1]．①単価が高いこと．ゴマは1,500～2,000円/kgで買い上げられ，100 kg/10aの収穫量では稲作を上回る収入となる．②高齢者が取り組みやすい．ゴマ栽培は一時衰退したが各地には栽培経験をもつ高齢者がおり，栽培上の工夫が活かされ

やすい．③管理作業が少なく，収穫物が軽量である．除草剤や病害虫防除を行わない地域もあり，また10aあたりの収穫物では米が600 kg，サツマイモは3 tよりもはるかに軽く，負担が少ない．④鳥獣害が少ない．日本の中山間地ではシカ，イノシシ，スズメなどによる鳥獣害が増加し，生産者は防護柵の設置やパトロール活動などを強いられるが，ゴマへの被害は少ない．⑤加工・利用しやすい．ゴマはリグナンにより酸化しにくく保管がしやすいとともに，油から粒食，和食からケーキまでさまざまな用途に活用でき特産品開発に利用しやすい．

以上のように日本のゴマの生産をみてきたが，海外産との比較の中で国産ゴマを振興するためには，おいしさ，外観，成分の向上によるいっそうの高付加価値化に寄与できる生産技術の開発・改良が必要である． 〔大潟直樹〕

文　献

1) 原薗秀雄・藤田英介（2012）．*Sesame Newsletter*, **26**, 19-21.
2) 勝田眞澄（2002）．栽培の基本技術（ゴマ），農業技術体系作物編7. 基本，pp. 13-17.
3) Pathirana, R. (1994). *Plant Breeding*, **112**, 167-170.

❮ 7.3　日本のゴマ需給と展望 ❯

日本の食文化は，あえ物やゴマ豆腐，ゴマ煎餅，天ぷら油といった独自の用途を育んできたが，ゴマが健康によいということが広く認識されているために，機会があれば積極的に利用拡大したいというニーズが日本人の根底にはあると思われる．

現在，日本におけるゴマの需要は，原料ベースで搾油用，食用を合わせて約16万tであり，1人あたりの平均消費量で見ると，韓国・トルコと並んで世界のトップクラスである．搾油用原料と食用原料の構成比はほぼ60％：40％であり，ともにほぼ全量を輸入に依存している．2, 3年の期間で見ると増減を繰り返しているように見えるが，10年，20年の期間で見ると，なだらかな上昇傾向カーブを維持している（図7.3）．数年に一度階段を上がるかのようにベースラインを上げているのは，マスメディア効果によるところが大きいが，背景には，ゴマ油の一般家庭への普及，ふりかけ，たれ，ドレッシング，ラー油など，新用途の

7. ゴマの生産と需要の動向

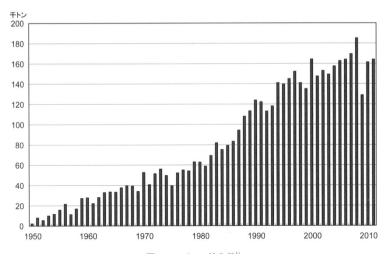

図 7.3 ゴマの輸入量[1]

表 7.4 輸入相手国ベスト 10 の変遷[1] （単位：t）

1990 年		1995 年		2000 年		2005 年		2010 年	
中国	59,209	中国	56,939	中国	52,178	ナイジェリア	36,476	ナイジェリア	48,677
インド	31,326	ミャンマー	25,579	スーダン	28,148	中国	20,376	タンザニア	26,731
パキスタン	7,030	パキスタン	9,968	ナイジェリア	23,140	タンザニア	19,014	ブルキナファソ	23,953
タイ	6,171	タンザニア	9,476	ミャンマー	16,252	パラグアイ	18,675	パラグアイ	16,231
ベネズエラ	4,521	スーダン	9,253	タンザニア	13,254	ボリビア	13,978	グアテマラ	12,962
グアテマラ	2,672	グアテマラ	6,505	グアテマラ	8,961	ブルキナファソ	11,355	ミャンマー	11,665
ベトナム	2,602	ウガンダ	6,169	ブルキナファソ	7,096	グアテマラ	10,357	ボリビア	5,581
スリランカ	2,390	ブルキナファソ	2,976	ウガンダ	2,734	ミャンマー	6,433	アメリカ	3,424
スーダン	1,300	ナイジェリア	2,750	パラグアイ	2,242	パキスタン	5,578	中国	3,411
タンザニア	1,132	エチオピア	2,560	ベトナム	1,799	ニカラグア	3,346	トルコ	2,590
22 か国	123,916	24 か国	139,648	24 か国	164,349	29 か国	162,754	24 か国	161,433

定着がある．なかでも，ドレッシングではゴマが不可欠な原料となっており，幅広い年代に対して野菜摂取をいっそう促す役割を果たしている点は意義が大きいといえる．また，各年の原料調達相手国は二十数か国であるが，時代とともにその内訳が変遷しており（表7.4），過去30年での相手国は通算60か国を超えるというのも特徴的である．世界の供給事情もあるが，作柄の良し悪しに対応したり，より品質のよい産地が育ったために切り替えたとか，極端な天候異変や天災に伴って調達不能になったために切り替えたり，残留農薬のリスクを回避するた

めに変えたりと，さまざまな理由により調達先を変えてきた．近年では脱中国依存が進んでいるのが著しい．

ゴマ油については，焙煎ゴマ油，非焙煎ゴマ油に加えて，調合油や黒ゴマ油などの品数が拡大していっそう身近な食用油となってきている．食用ゴマについては，洗いゴマでの流通はほとんどなくなり，炒りゴマからすりゴマ，ねりゴマへ加工度が進んだ形での需要に移行が進んでおり，家庭で炒ったりすったりする機会は減少しているようである．

今後，人口が減少し年齢構成やライフスタイルが急激に変わっていくなかで，ゴマの使われ方も変わっていくと予想される．特に近年では，ゴマの有用成分であるゴマリグナンをアピールしたサプリメントが市民権を得ており，こうした成分や効用を意識した商品が広まっていく可能性がある．〔カタギ食品株式会社〕

文　献

1) 財務省通関統計.

◀ 7.4　韓国のゴマ需給と展望 ▶

韓国の三国時代（18〜676年），すでに栽培と利用が盛んであったと推察されているゴマは，韓国人の食生活には不可欠の食材である．しかし生産量も少なく，また非常に高価であったためにあまり需要は伸びなかった．それが1960年代以降，政府がゴマを特用作物の一つとして奨励するようになり，栽培面積と生産量の増加が続いた．しかしゴマの国際価格は比較的に安く，国産ゴマが競争できない状態になったために，政府はゴマの輸入を規制して栽培農家の保護を図るようにした．すなわち，一般民間の輸入には，630%の関税を賦課して，ゴマの高い国内価格を維持させている．ただし，国営企業である「韓国農水産食品流通公社（Korea Agro-Fisheries & Food Trade Corp.）」だけには，40%の関税で独占的に輸入をさせて，国内の需要者に対し数量と最低価格を決めた入札販売を行わせている．

最近，ゴマの国内消費は，エゴマの消費増加の影響により1990年代の増加程度に比べ落ちるが，優れた香味を追求する韓国人の嗜好は変わらないために，多

少は増加するものと展望されている．しかし，国内のゴマ生産は労働集約的で，省力機械化された一貫作業システムの栽培技術が確立されていないことと，単位面積あたりの収穫量が少なくて所得率が低いために，毎年，栽培面積と生産量が

表7.5 韓国におけるゴマの需給

年度	需要（千t)[2]			供給（千t)[2]				年間消費量 (kg/人)	自給度 (%)
	消費	繰越し[a]	総需要	繰入れ[b]	生産	輸入	総供給		
1995	90.4	2.6	93.0	19.0	31.9	42.1	93.0	2.0	34.3
2000	102.2	7.0	109.2	7.5	31.7	70.0	109.2	2.2	29.0
2002	79.8	7.2	86.9	0	23.8	63.1	86.9	1.7	27.4
2004	85.9	13.1	99.0	7.6	12.0	79.4	99.0	1.8	12.1
2006	109.3	9.6	118.9	9.9	23.5	85.6	118.9	2.3	19.8
2008	81.4	6.5	87.9	6.5	17.5	63.9	87.9	1.7	19.9
2009	93.4	5.6	99.0	6.5	19.5	73.0	99.0	1.9	19.7
2010	89.8	6.2	96.1	5.6	12.8	77.7	96.1	1.8	13.3

a) 該当年度に消費されないで，在庫の状態で翌年の供給に回された物量．
b) 前年度に消費されなかった在庫物量．

表7.6 韓国のゴマ油およびその分画物の国別輸出入推移[2]　　（単位：t）

区分	国別	年度							
		1995	2000	2002	2004	2006	2008	2010	2011
輸入	総計	401.1	554.1	503.8	673.4	689.6	207.3	521.9	680.5
	中国	14.0	+	484.2	651.8	658.8	164.5	481.9	635.8
	台湾	144.0	442.0	19.2	10.0	10.0	10.0	+	15.0
	日本	239.2	2.2	4.1	7.6	13.0	10.6	15.4	15.0
	香港	-	105.9	2.3	1.5	-	16.0	11.8	-
	アメリカ	-	2.5	1.5	1.8	1.4	2.3	2.8	2.5
輸出	総計	66.1	61.3	83.4	14.4	31.0	48.1	91.3	151.3
	シンガポール	36.5	-	-	-	-	-	-	-
	ロシア連邦	21.3	-	-	-	2.9	4.7	6.1	11.6
	香港	-	29.1	3.8	-	+	-	+	+
	アメリカ	-	31.4	41.9	10.8	11.3	18.6	36.7	36.5
	日本	-	-	37.0	3.0	11.6	9.5	25.8	24.9
	オーストラリア	-	-	-	-	-	-	-	33.4

減少傾向を示している．農林水産部の直属機関である農村振興庁の機構改変により，重要な特用作物の一つとして取り扱われてきたゴマに関する研究開発業務が，傘下機関である慶尚北道農村振興院に移管され，品種開発をはじめゴマにかかわる種々の研究が活性を失っていることも，ゴマ栽培面積の減少に影響を及ぼしているものと推察される．結局，国内のゴマ生産量は，需要を賄いきれないので輸入量の増加が予想され，自給率は低下の一途をたどっている（表7.5）．

輸入対象国はこれまで中国，インド，スーダンが主であったが，パキスタン，エチオピア，ボリビア，メキシコ，ミャンマーなどに多様化されつつある．

ゴマの利用は種子自体を利用する場合と，搾油して油を利用する場合に大別されるが，その間ゴマ油の需要が増加して，最近には供給ゴマの80.4%が搾油を経てゴマ油として利用されている．現在，市中のゴマ油の流通状態を見ると，全国6千余か所に上る小規模のいわゆる「油屋」で搾油したゴマ油は，国産ゴマを搾油した油であるという標榜と香味が強いという理由などで高い値段で売られているが，高い値段のために，その消費は漸次減少し，一方輸入ゴマを搾油する油脂専門の大手企業の製品は値段が安いため市場の半分程度を占めるようになった．また，国産ゴマ油より値段が安いゴマ油の輸入も増加傾向を見せているが，海外在住の韓国人を対象に香味の強いゴマ油の輸出も少しずつ増加している（表7.6）．

最近，$\omega 3$系脂肪酸の機能性が強調されるようになってから，α-リノレン酸が多いエゴマ油の消費増加に伴い，ゴマ油の消費が停滞気味である．その代わり，ゴマ塩，炒りゴマ，お粥，伝統菓子に幅広く使われているほかに，日本のようなゴマ豆腐の消費はないが，ゴマラーメン，ゴマドレッシングの生産増加により食用ゴマの消費が増加を見せているために，ゴマの消費は10万tを超えるようになるものと展望される．

〔崔　春彦〕

文　献

1) 韓国貿易協会（2012）．品目の国家別輸出入，韓国貿易協会．
2) 韓国農村経済研究院（2011）．食品需給表2010，韓国農村経済研究院．

❰ 7.5 中国のゴマ需給と展望 ❱

最大のゴマ輸入国となった中国の需給動向について検証する．

a. 生産量の減少

経済の発展に伴い，より換金性が高く効率的な作物への転作が進み，労働集約的な作物は減少する傾向にあるが，中国も例外ではない．表7.7に示したように，播種面積は2001/02年産以降現在まで減少傾向にあり，反収において改善が見られるが，それに伴い生産量は減少している．他の作物と比較し栽培面積あたりの収入が低い状況がこのまま続き，反収において飛躍的な改善がなければ，生産量の減少傾向を止めることはできないというのが世間一般の見方である．

b. 世界最大の輸入国へ

生産量の減少を補うべく輸入量が増加しているが，2001/02年産の数千tに

表7.7 ゴマの生産，輸入，輸出

年産	11/12	10/11	9/10	8/9	7/8	6/7	5/6	4/5	3/4	2/3	1/2
収穫面積 (ha)	480,000	480,000	477,000	620,000	610,000	640,000	620,000	630,000	687,000	759,000	758,000
反収 (t/ha)	1.22	1.23	1.31	0.95	0.91	1.02	1.01	1.12	0.86	1.18	1.06
生産量 (t)	587,000	588,000	623,000	586,000	558,000	650,000	625,000	704,000	593,000	895,000	804,000
輸入量 (t)	340,000	408,500	343,400	334,300	220,800	138,500	312,300	96,000	154,300	3,900	4,300
輸出量 (t)	30,300	35,000	38,500	376,800	29,300	45,900	42,600	44,800	57,700	36,700	122,000	81,600
≒消費量 (t)	896,700	961,500	927,900	891,000	732,900	745,700	892,500	742,300	710,600	776,900	726,700

(Oil World より)

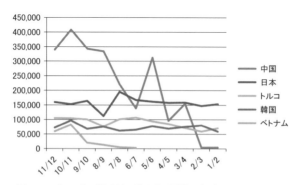

図7.4 ゴマの主要輸入国の輸入量（単位：t）（Oil World より．ベトナムについては，5/6以前の個別データなし）

比べ近年ではその百倍近い量の，生産量の減少を補う以上のゴマを輸入するに至っている．これは日本の輸入量の2倍以上である．図7.4に示したように，2005/06年産頃より日本の輸入量に肩を並べ，今では日本を大きく引き離し世界最大のゴマ輸入国となっている．これは単に輸入量が増えたというだけでなく，世界のゴマ価格に対する影響力が増大し，市場をリードするようになっていることも意味している．

c. 消費の増大

生産量の減少を補うに余りある輸入量の増加が見られ，それに加えて，輸出量が2001/02年産の半分以下となっていることを勘案すれば，消費が確実に増加していることがわかる．

近いうちに100万tを超え，さらには日本人1人あたりの消費量に匹敵するまでに増加するとすれば約150万tとなるが，今後どれくらいのペースで増加するのか注目されるところである．

d. 消費用途の変化

かつてはゴマ油やゴマペーストがゴマの主要な消費用途だったが，ここ10年の間にその他食品向けの用途が急激に増加した．その他用途とはたとえば，炒りゴマを直接食べること，製パン，製菓やお粥に使用することなどである．小売店やスーパーマーケットで小袋入りの炒りゴマが販売され始めたのはここ数年のことである．ゴマといえば主に白ゴマを思い浮かべるが，白ゴマのみならず黒ゴマも，お粥用に朝食として，子ども向けに，お土産用として使われるようになっている．一方で，伝統的な用途であるゴマ油やゴマペーストが増加していないかといえばそうではない．レストランやスーパーマーケットの発展とともに，その他食品用途ほど早くはないが，着実に増加傾向にある．

e. まとめ

中国は経済の発展に伴いゴマの消費が増え，一方で国内のゴマ生産量が減少しているため，今では世界一ゴマを輸入する国となっている．現地流通から聞くところによれば，今のところは輸入する原料の産地や風味に対するこだわりは強くないが，すでに世界のゴマ価格に多大なる影響を与えている中国において今後原料面での差別化が進めば，良質な原料を確保するという意味でも中国との競合は避けられず，いかにして日本の品質基準に適応する原料を安定的に調達するかが

問われるようになる．消費の拡大や消費用途の変化のみならず，原料へのこだわりについても今後注視する必要がある．　　　　　　　　　　　　〔藤本博也〕

8 「ゴマの機能と科学」の展望

◀ 8.1 ゴマの生産科学とその展開 ▶

　作物の生産は収量（量的生産）と品質（質的生産）でとらえられる．ゴマの収量は，ダイズ・ナタネ・ラッカセイに比べ，低収・不安定であり，いっそうの向上が求められる．収量の向上は，個体あたりのさく果数の増加が基本であり，葉腋あたりのさく果数やさく果着生節数の増加した品種を得ることにある．葉腋あたりのさく果数が増加した品種は，Kobayashi[3]による1さく果から3さく果へと形態変換した事例はあるが，さらに7さく果へと形態変換した品種やさく果が超密着生した品種を作出することが肝要である．ゴマの品質は外観特性（種皮色，粒大，硬さなど）と消費特性（栄養成分，風味，リグナン類など）でとらえられる．外観と消費の特性は，伝播の過程で獲得・改良されたものであり，それを具備した在来種が各地域に独自のゴマ食文化を作り上げてきた．品質の向上は，特性関連形質の量的増減や質的変換を図ることであり，ゴマ食品の多様化と消費拡大に寄与するものである．セサミンとセサモリンの含量を高めた品種「ごまぞう」が安本ら[5]により育成された事例はあるが，この面の研究はまだ途上であり，今後に期待したい．また，特性関連形質と遺伝資源や栽培環境との関係解明は基本的課題であるが，研究が緒についたばかりでありいっそうの究明が望まれる．

　作物の栽培は，作物の遺伝性と栽培環境と栽培技術との間に合理的な調和が得られたときに作物の能力が最大に発揮されて，一定面積の土地から最大の生産量があげられる．従来，日本のゴマ生産は経済的な栽培は少なく，自家用栽培が中心であり，各地域で在来種が適地適作されてきた．栽培技術は，多くのものが長い間の農民の経験から見出されたもので，それにわずかの比較実験が加わったも

のにすぎなかった．最近，農地・水田の高度利用や地域の6次産業化推進の観点から国内産ゴマが見直され，各地で生産活動が展開されている．農作業農具の創意工夫により，高収量・高品質を確保して高収益を得ている事例も報告されている[2]．国外産ゴマとの比較のなかで国内産ゴマを振興するためにはいっそうの高収化と高付加価値化が求められるが，これらに対応した高収量品種・高品質品種の育成や栽培技術の開発・改良が期待される．

世界のゴマ生産量は堅調に高まってきたが，近年，主なゴマ生産国である開発途上国では経済発展に伴い経済作物への転作が進み，今後栽培地の拡大は難しい．一方，ゴマの需要は，アジア諸国での経済発展に伴う増加と西欧諸国での健康食イメージによる増加とが相まって，需給バランスの崩れが顕在化してきている．こうした状況下，ゴマの輸入大国である日本は，今後，ゴマの安定供給に向け，新規栽培地の確保と栽培奨励，省力栽培技術の導入と推進（肥料，高収量品種，栽培管理情報など），輸送インフラの整備など，世界のゴマ増産に積極的に行動していく必要がある．

今日，遺伝子組換えなどの先端技術の分野でバイオテクノロジーが飛躍的に進歩を遂げている．ゴマの生産科学の分野では，遺伝子組換え体の作出に栽培ゴマで成功した[1,4]．次世代シークエンサーの開発により，ゲノム解読が著しく高速化・低価格化されるようになった．近い将来，ゴマのゲノム構造が明らかにされ，正確で精密な遺伝子改変により高機能性ゴマ品種の作出が期待される．一方，遺伝子組換えによらない植物細胞培養により，リグナン類などの有用成分を工場生産する技術もある．山田[6]はゴマ毛状根細胞が液体培地中で増殖し，その培養液中に種々の二次代謝産物が分泌されることを見出した．ゴマの有用成分を安定・大量・安価に生産可能な毛状根細胞培養系による生産技術のさらなる進展が望まれる．

〔田代　亨〕

文　献

1) Al-Shafeay, A. F. *et al.* (2011). *GM crops*, **2**(3), 182-192.
2) 原薗秀雄・藤田英介 (2012). *Sesame Newsletter*, **26**, 19-21.
3) Kobayashi, T. (1958). *Jap. Jour. Genet.*, **33**, 239-261.
4) Yadav, M. *et al.* (2010). *Plant Cell Tiss. Organ Cult.*, **103**, 377-386.
5) 安本知子他 (2003). 作物研究所報告, **44**, 5-58.

6) 山田恭司 (1998). ゴマ　その科学と機能性（並木満夫偏），pp. 201-205, 丸善プラネット.

8.2　ゴマの食品開発と展望

　ゴマは，食品および油脂として利用されて，今日に至っている．ここでは，日本における食品開発について展望する．

ゴマ香を特徴とする調理加工の基本

　ゴマは加熱でゴマ特有の芳香とおいしさを生成することから，調理加工の第一は，乾熱（炒る，ロースト）である．このプロセスで温度と時間を調節することによりさまざまな風味（香りやおいしさ）の炒りゴマができる．これがゴマの調理食品加工の基本となっている．

a.　伝統的調理法も併用したおいしいゴマへの食品開発

　家庭調理や加工食品の素材として，洗いゴマ，炒りゴマ，すりゴマ，コーティングゴマが開発されるとともに，「おいしいゴマ」も加わり，炒りとすり工程に熱源（遠赤外焙煎，薪で釜炒り，マイクロ波）や磨砕（つきゴマ，すり鉢）法で特徴づけた製品も増加しつつある．

b.　ペーストゴマ（ねりゴマ）の微粉砕化

　ゴマはペースト化により，他の食材への混合が容易となり，用途が著しく拡大してきた．保存時の油分分離現象は，微粉砕化の技術開発により，克服されつつある（5.3.1項参照）．また，ペーストゴマは保存可能な食品であるが，長期保存ではゴマ香の保持も重要である．

c.　超低温微粉砕化による新たな食品開発

　液化天然ガス輸送時の液体窒素（−150℃前後）を利用した微粉砕化焙煎ゴマの加工特性は5.3.1項に記した．特徴は，香りとともに細胞の組織構造が保持されていることで，ゴマの香りと油っぽくなく，コクのある食品素材として今後の利用が期待されている．

d.　脱脂粉（セサムフラワー）の食品開発

　精製ゴマ搾油後の脱脂粉は食品利用が可能であり，加工食品への利用が増えている．小麦粉製品などへの混合が多いが，日本古来の発酵調味料（味噌，醬油，

8.「ゴマの機能と科学」の展望

表 8.1 世界のゴマ言語（方言なども含む）

地 域	言 語	表 記
ヨーロッパ	英語	sesame, gingili, beniseed, benne
	スペイン語	ajonjoli, sesamo
	ポルトガル語	gergelim, sesamo
	ラテン語	sesamum, sesama
	イタリア語	sesamo
	フランス語	sesame
	オランダ語／ドイツ語	sesamzaad, sesam
	デンマーク語／ノルウェー語／スウェーデン語	sesam
	ポーランド語／チェコ語／スロバキア語	sezam
	ルーマニア語	susan
	ギリシャ語	sesame, sesamon
NIS諸国	ロシア語／ウクライナ語	кунжут, сезам
アフリカ	スワヒリ語	ufuta, simsim
	ソマリア語	sin-sinta
西アジア	ヘブライ語	sumsum, semsem（旧約聖書より）
	トルコ語	susum, susam, KÜNCÜ
	セム語	gergelin, simsim, semsem
	ペルシャ語	konjed, kunjid
	アラビア語	semsin, simsin, sumsum
南アジア	サンスクリット語	til, tila, tili, tahina
	ヒンディー語／ウルドゥー語／ネパール語	til
	ドラヴィダ語	ellu（南インドの少数部族）
東南アジア	ミャンマー語	hnan
	フィリピン語	linga
	インドネシア語	wijen, bijan, lenga
	マレーシア語	bijan
	タイ語	nga
	ベトナム語	mè
東アジア	中国語	芝麻, 胡麻, 脂麻
	韓国語	참깨
	日本語	ゴマ, 胡麻

日本への留学生からの情報も含む．

食酢など）にセサム麹を用いた製品も商品化している（5.3.3項参照）．

e. 超臨界 CO_2 抽出法による高品質ゴマ油の精製法

粉砕ゴマ種子またはゴマ油（サラダ油・焙煎油）は，超臨界 CO_2 抽出機を利用することにより，抽出時間ごとに分別することが可能となった．抽出前半の油は芳香とともに，健康機能を有するリグナン類も溶出することから，高品質ゴマ油の製品化が可能となる．

f. 健康機能を有するゴマリグナン類の利用

現在，機能性食品の成分として認められ，動植物から抽出し利用されている成分も多くなったが，ゴマリグナン，特に研究の進んだセサミは分離し，結晶化が可能となっている．

最後に世界で使われているゴマを表す言葉を示す（表8.1）.　　　〔福田靖子〕

文　献

1) Dalal, I. et al. (2012). *Curr. Allergy Asthma. Rep.*, **12**, 339-345.
2) Embaby, H. E. (2011). *Food Sci. Technol. Res.*, **17**, 31-38.
3) 福田靖子（2007）．日本調理科学会誌，**40**，297-304.
4) 石井裕子・滝山一善（2000）．日本調理科学会誌，**33**，372-376.
5) Namiki, M. (1995). *Food Rev. Internat.*, **11**, 281-329.
6) Namiki, M. (2011). Functional Foods of the East (John, S. et al. eds.), pp. 215-262, CRC Press.
7) 小野伴忠（2012）．大豆の機能と科学（小野伴忠他編），pp. 51-52，朝倉書店．
8) Phillips, K. M. et al. (2005). *J. Agric. Food Chem.*, **53**, 9436-9445.
9) Tai, S. S. K. et al. (1999). *J. Agric. Food Chem.*, **47**, 4932-4938.
10) 山下かなへ（1989）．ゴマの科学（並木満夫・小林貞作編），pp. 100-112，朝倉書店．

索引

欧文

Δ5-アベナステロール 52
Δ5,6-不飽和化 99

ACE阻害活性 71
AEDA 134
AOU研究会 75
Aspergillus 74
  A. awamori 162
  A. niger 162
  A. oryzae 162

B16メラノーマ細胞 117
B16F10メラノーマ細胞 117
BV-2小グリア細胞 116

DNAマイクロアレイ 107
DOCA食塩付加高血圧ラット 116
DPPHラジカル捕捉 76, 167, 169

ELISA法 179

GABA含量 168
GC-におい嗅ぎ 133

Halva 126
HMG-CoA還元酵素 111

ITCFA2002 29

LDL吸収阻害 175
LDLコレステロール 110
LDL受容体 111

n-3, 6系脂肪酸 99

OAV 134

ORAC法 76
orient type sesame oil 173

PAO値 121
PC12細胞 116
pharmaco-physio-psychotherapy 122

roasting 125

SEM 150
sesame oil 173
Sesamum 1, 26
  S. alatum 26
  S. capense 26
  S. indicum 1, 8, 21, 45, 57
  S. mulayanum 21
  S. orientale var. *marabaricum* 26
  S. radiatum 27, 45
  S. schinzianum 36, 45
SOD様活性 167
SREBP-2 111

tahina 125, 126
Thebes Medical Papyrus 3

あ 行

アグニヴェーシャ・サンヒター 118
アグロバクテリウム 37
アクロレイン 178, 179
揚げ油 173
浅炒りゴマ 173
味つけゴマ 160
アスコルビン酸合成 117
アセタール酸素架橋 58, 174
アテローム性動脈硬化巣 110
アブシシン酸 23
油の抗酸化性 176

油の治療文化圏 118
油の熱酸化 175
油酔い 179
アフリカサバンナ植生帯 123
アポトーシス 81, 116
アーマ 120
アミノカルボニル反応 68
アミノ酸スコア 54
アミノ酸分析 168
アーユス 119
アーユルヴェーダ 3, 118, 123, 173
洗いゴマ 132, 145, 157
洗い白ゴマ豆腐 151
アラキドン酸 99
アルケナール類 176
1-アルケン-1-チオール 135
アルコール代謝 117
アルコール毒性に対する防御効果 117
アルツハイマー病 76
アルブミン 30, 54

イソオイゲノール 61
イソフラボン 162
炒め油 173
遺伝子組換えゴマ 35, 200
炒りゴマ 6, 66, 68, 144, 157
炒り条件 144

ヴァータ・ドーシャ 119
ヴェーダ 119

エイコサペンタエン酸 77, 99
エイコサノイド 99
腋芽 12, 13
エゴマ 189
江戸の天ぷら油 178
エピセサミン 58, 101
塩基性サブユニット 137

索引

あ行

炎症反応 77
遠赤外(炭火)焙煎 6, 201
エンテロジオール 60
エンテロラクトン 60, 99
おいしさ 66
オイルボディ 31
オイルボディ構成タンパク質 32
オイルマッサージ 118
オキソニウムイオン 59, 174
オクタコサン 143
お湯の治療文化圏 118
オレイン酸 3, 43, 52, 173
オレオシン 30
温帯型ゴマ 1, 2

か行

外観特性 199
花外蜜腺 12
花軸 12, 13
果軸 13
ガスクロマトグラフィ 133
活性酸素補捉能 59
合併花 13
褐変成分 176, 180
褐変度 176
カフェ酸配糖体 165, 169
カファ・ドーシャ 119
下部分枝型 12
釜炒り 6
可溶性2Sアルブミン 54
カルシウム 55
カレオシン 30
皮むきゴマ 127, 159
皮むき白ゴマ豆腐 126, 151
韓国農水産食品流通公社 193
韓国のゴマ需給 193, 194
関東1号, 2号, 3号 38, 165
カンペステロール 52
含硫アミノ酸 137
含硫化合物 68, 134
亀甲構造 150
凝集性 150
共役リノール酸 106
極小粒ゴマ 58
極性成分 165
極粗面種 45
鋸歯葉 15
金ゴマ 42, 167
グアイアシルグリセロール-β-コニフェニルエーテル 65
葛デンプン 148
クマール酸誘導体 169
グルコシダーゼ 59
グルタチオンペルオキシダーゼ 55
グルテリン 54
黒炒りゴマ豆腐 149
黒ゴマ 42, 126, 170
黒ゴマ種子 18
黒ゴマ水洗廃液 60, 171
黒ゴマ培養細胞 169
グロブリン 30, 31, 54
血圧降下作用 71, 116
血液サラサラ効果 82
血清コレステロール濃度 169
ゲノム解析 87
ケミカルバイオロジー 87
ゲルの硬さ 139
ゲルの微細構造 140
ゲルの保水性 140
抗ウイルス 56
抗がん作用 116
抗がんプロモーター活性 169
高機能性ゴマ品種 200
高血圧ラットモデル 116
高コレステロール食投与ラット 169
抗酸化前駆体 175
抗酸化評価法 75
麹菌 74
向軸面分離 14
硬実休眠 22
高収量品種 200
抗腫瘍 56
高品質品種 200
高付加価値化 200
合弁花 13
高リグナン油 185
高リグナン性ゴマ 39, 108
黒色色素 19
互生葉序 14
コーティングゴマ 201
コニフェニルアルコール 61
コニフェリルアルコールラジカル 56
ごまあえ 128, 130, 147
ゴマ油 56, 118, 181
ゴマアレルギー 71
ゴマアレルゲン 31, 54
ゴマ萎ちょう病 189
ゴマ科 1
ゴマ加工フローシート 158
ゴマ香 132, 144, 201
ゴマサラダ油 126, 184
ゴマ食文化 125, 131
ごまぞう 39, 165, 166
ゴマ属 1, 25
ゴマ脱脂粕 136
ゴマだれ 85, 130
ゴマ豆腐 128-131
　——の破断応力 151
ゴマドレッシング 85, 128, 130
ゴマ乳 150
ゴマの遺伝資源 8
ゴマの栽培暦 189
ゴマの収量 5, 47
ゴマの増産速度 5
ゴマの品質 199
ゴマの品種 41, 199
ゴマ焙煎香気 84, 132, 133
ゴマ粉末 153
ゴマペースト 3, 148
ゴマペプチド 71
ゴマ輸出国 188
ゴマ輸入国 188
ゴマリグナン 6, 39, 52, 55, 64, 70, 83, 107, 142
　——の機能性 86
ゴマ若葉粉末 169
コレステロール 112, 114
コレステロール濃度低下作用 110
根系 23
コンプライアンス値 152

さ行

栽培環境 199

索　引

栽培原始種　1
栽培種　25, 36, 43
細胞増殖抑制能　80
細胞分裂阻害作用　56
さく果　14
さく果数　199
さく果着生節数　199
酢酸リナリル　121
作付け体系　23, 25
作物研究所　39
搾油用ゴマ種子原料　183
さし油　180
サツマイモデンプン　152
サバンナ農耕文化　123
サミン　59, 174
ざらつき感　149, 151
酸化修飾ドーパミン　77
酸化傷害　178
三出複葉　15
酸性サブユニット　137
酸性白土　59

紫外線照射傷害　93
時間栄養学　87
脂質過酸化過程　178
脂質過酸化抑制能　165
糸状菌油脂　106
質的変換　199
シトクロム P450 4F2　95
シトステロール　52
シナピルアルコール　61
シネルギスト　178
　──の褐変成分　180
ジベレリン　23
脂肪酸合成阻害　175
脂肪酸β酸化　104
シュウ酸カルシウム　17, 19, 55, 150
十字対生葉序　14
充填剤効果　151
収量　5, 23, 47, 199
主根　23
主根型根系　23
種子　17
種子休眠性　21
種子熟度　49
種子焙煎温度　176
種皮　6, 19, 50

種皮割合　43, 47
瞬間弾性率　152
純正ゴマ油　71
子葉　21
浄化療法　121
掌状複葉　15
精進料理　128
脂溶性リグナン　109
消費特性　199
上部分枝型　11
醤油様発酵調味料　163
小粒種　45
植物細胞培養　200
植物ステロール　52
女性ホルモン様作用　60
ショートネス　127
白炒りゴマ豆腐　149
白ゴマ　42, 52, 126, 170
白ゴマペースト　6
白生ゴマ豆腐　149
神農本草経　3, 123
ジーンバンク　8, 38
心皮　13

水溶性界面活性物質　142
スキン用油　173
スシュルタ・サンヒター　118
ステアリン酸　43
ステロール調節エレメント結合タンパク質　103
すりこぎ　128
すりゴマ　6, 66, 68, 126, 145, 152, 159
すり鉢　128, 201

制限アミノ酸　54
正常細胞　81
精製ゴマ油　72, 181, 184
　──の製造工程　182
精製油　181
生体内酸化傷害　179
静的粘弾性　152
生命の科学　119
世界のゴマ言語　202
世界のゴマ食文化　123
世界のゴマ生産　5, 186
セコイソラリシレジノール　63
セサミノール　4, 52, 56, 58, 65, 70, 73, 78, 80, 83, 101, 174

セサミノールカテコール　74, 78
セサミノールトリグルコシド　142
セサミノール配糖体　46, 48, 49, 72, 77, 109
セサミン　46, 48, 49, 52, 70, 72, 93, 101, 142, 199
セサミンジカテコール　73
セサミンモノカテコール　73
セサムフラワー　6, 161, 163, 164
セサム麺　203
セサモリノール　58
セサモリン　46, 48, 49, 52, 65, 70, 72, 101, 174, 199
セサモリンカテコール　73
セサモール　56, 80, 169, 174
接着分子　78
施肥条件　48
セルラーゼ　59
セレン　47, 55
繊維状ネットワーク　141
全縁葉　15

総状花序　12
相同器官　12
側根　23
粗面種　45

た　行

帯化　11
台座接着型　14
ダイズイソフラボン　161
ダイズ 11S グロブリン　139
ダイラタンシー　148
大粒種　44
立枯病　24, 25
脱脂粉末ゴマ　149
タピオカデンプン　152
タヒーナ　2, 6, 123
多分枝型　11
炭化ゴマ　123
胆汁酸排泄量　114
炭水化物含量　44
タンパク質含量　43

索引

チオール 134
茶ゴマ 42
チャラカ・サンヒター 119
中間サブユニット 137
中国のゴマ需給 196
中性ステロイド排泄 111
中粒種 44
超低温微粉砕化 6, 201
超臨界 CO_2 抽出法 6, 155, 185, 203
貯蔵タンパク質 54

追肥 24
つきゴマ 201

低分子アルデヒド 176
低分子カルボニル化合物 176
低密度タンパク質 110
ディリジェントプロテイン 61
テクスチャー 68, 149
鉄 55
典座 128

凍結粉砕 153
登熟期 23, 48
特性関連形質 199
ドコサヘキサエン酸 77, 99
トコトリエノール 92
トコフェロール 55, 90, 91, 169
ドーパミン合成 117
トリアシルグリセロール 31, 112
ドレッシング油 173

な 行

内乳 19, 21
内胚乳 50
中炒りゴマ 173
生搾りゴマ油 173, 181
軟毛 17
におい 68
ニコチン投与 117
二出集散花序 13
二出集散総状花序 13
日本のゴマ需要 191
日本のゴマ生産 38, 188

日本のゴマ輸入量 192
ネオリグナン 60
熱帯型ゴマ 1
ねりゴマ 66, 67, 68, 131, 152, 159

は 行

胚 19, 21, 50
バイオルネッサンス計画 39
胚芽 17, 21
胚休眠 23
背軸面分離 14
焙煎ゴマ油 126, 181, 183
——の酸化度 156
——の製造工程 182, 183
焙煎種子油 173
配糖体型リグナン 58
パーキンソン病 76
発芽ゴマ 165
白血病細胞 80
発酵食品 161
バナスパティ 126
パルミチン酸 43
半乾性油 173
パンチャカルマ 121

ビタミン E 88, 178
ビタミン E 増強作用 175
ビタミン K 95
ビタミン C 96
ピッタ・ドーシャ 119
日照りゴマ 23
ヒドロキシケイ皮アルコール類 61
ヒドロキシノネナール 74, 178
ヒドロキシフェニルプロペン類 60
ヒドロキシマタイレジノール 60
ヒドロキシラジカル消去能 165
ピノレジノール 58, 60, 62
微粉砕化 201
非分枝型 12
ピペリトール 58, 65
ピペリトール/セサミン合成酵

素 64
ヒューズドテトラ環 59
フィチン酸 55
フェノキシラジカル 61
フェノール型リグナン 58
フェノール性水酸基 176
深炒りゴマ 173
副芽 11
付着性 150
不溶性11S グロブリン 54
フライ温度 175
プランテオース 55
プロテインボディ 30
プロテオーム解析 31, 33, 87
分泌毛 17

平滑種 45
ペーストゴマの粒度 6
ペルオキシゾーム 104
ペルオキシゾーム誘導活性化受容体 α 103

穂発芽 21

ま 行

マイクロ波 201
薪で釜炒り 201
マグネシウム 55
磨砕 127
マタイレジノール 63
まるえもん 39
マルチ栽培 24
まるひめ 39
ミクロゴマペースト 154
味噌様発酵調味料 164
ミトコンドリア 104
未焙煎油 126

無機成分含量 44
無限成長型 11

メタボローム解析 87
メチルセサミノールカテコール 78
2,3-メチル-1-ブテン-1-チオール 135

索　引

メチレンジオキシフェニル　74
メナキノン-4　95
メラニン合成　117

モノクロナール抗体　179
モノリグノール　61

や　行

薬物代謝酵素　97
薬用ゴマ油　3, 121, 123, 173
薬理作用　180
野生種　1, 36, 43

有限成長型　11

遊離アミノ酸　67, 145
遊離糖　67, 145
油分分離現象　201
油溶性褐変区分　178
油糧作物　5

幼根　21
葉状突起　13

ら　行

螺旋葉序　14
ラッカセイ油　173
ラットパーキンソン病モデル　117

ラリシレジノール　60, 63

リグナン　56, 60, 86, 92, 145, 162, 171
リグナン配糖体　142, 165
リナロール　121
リノール酸　3, 43, 52
リリオデンドリン　65
リン脂質　142

冷圧法　173

老化促進モデルマウス　87

編者略歴

並木 満夫（なみき みつお）
1945 年　東京大学農学部農芸化学科卒業
現　在　名古屋大学名誉教授
　　　　農学博士

福田 靖子（ふくだ やすこ）
1968 年　大阪市立大学大学院生活科学研究科修了
現　在　前 東京農業大学客員教授
　　　　農学博士

田代 亨（たしろ とおる）
1974 年　名古屋大学大学院農学研究科博士課程
　　　　単位取得退学
現　在　千葉大学名誉教授
　　　　農学博士

食物と健康の科学シリーズ
ゴマの機能と科学　　　　　　　　　定価はカバーに表示

2015 年 1 月 20 日　初版第 1 刷

編　者　並　木　満　夫
　　　　福　田　靖　子
　　　　田　代　　　亨
発行者　朝　倉　邦　造
発行所　株式会社 朝倉書店
　　　　東京都新宿区新小川町 6-29
　　　　郵便番号　162-8707
　　　　電　話　03（3260）0141
　　　　ＦＡＸ　03（3260）0180
　　　　http://www.asakura.co.jp

〈検印省略〉

© 2015〈無断複写・転載を禁ず〉　　印刷・製本　東国文化

ISBN 978-4-254-43546-7　C 3361　　Printed in Korea

JCOPY　〈(社)出版者著作権管理機構 委託出版物〉
本書の無断複写は著作権法上での例外を除き禁じられています．複写される場合は，そのつど事前に，(社)出版者著作権管理機構（電話 03-3513-6969，FAX 03-3513-6979，e-mail: info@jcopy.or.jp）の許諾を得てください．

東農大 福田靖子・中部大 小川宣子編

食 生 活 論 (第3版)

61046-8 C3077　　　　A 5 判 164頁 本体2600円

"食べる"とはどういうことかを多方面からとらえ，現在の食の抱える問題と関連させ，その解決の糸口を探る，好評の学生のための教科書，第3版。〔内容〕食生活の現状と課題／食生活の機能／ライフステージにおける食の特徴と役割／他

前日大 酒井健夫・前日大 上野川修一編

日 本 の 食 を 科 学 す る

43101-8 C3561　　　　A 5 判 168頁 本体2600円

健康で充実した生活には，食べ物が大きく関与する。本書は，日本の食の現状や，食と健康，食の安全，各種食品の特長などについて易しく解説する。〔内容〕食と骨粗しょう症の予防／食とがんの予防／化学物質の安全対策／フルーツの魅力／他

前武蔵野大 齋藤　洋監修

ニ ン ニ ク の 科 学 (新装版)

43102-5 C3061　　　　B 5 判 280頁 本体9500円

滋養強壮で知られているニンニクは，近年，老化防止，がんの予防等，その効果が注目されている。本書はニンニクをあらゆる面から解説したもの。〔内容〕歴史／分類／栽培／化学／成分分析／吸収・排泄／治療と薬理／安全性／医薬品／食品

つくば国際大 梶本雅俊・東農大 川野　因・
都市大 近藤雅雄編

コンパクト 公 衆 栄 養 学 (第2版)

61052-9 C3077　　　　B 5 判 168頁 本体2600円

家政栄養系学生，管理栄養士国家試験受験者を対象に，改定されたガイドラインに準拠して平易に解説した教科書。〔内容〕公衆栄養の概念／健康・栄養問題の現状と課題／栄養政策／栄養疫学／公衆栄養マネジメント／公衆栄養プログラムの展開

東農大 鈴木和春・都市大 重田公子・都市大 近藤雅雄編

コンパクト 応 用 栄 養 学

61050-5 C3077　　　　B 5 判 184頁 本体2800円

管理栄養士国家試験受験者を対象に，国試ガイドラインに準拠して平易に解説したテキスト。〔内容〕栄養マネジメント／成長・発達・過齢(老化)／妊娠期／授乳期／新生児期，乳児期／幼児期／学童期／思春期／成人期／閉経期／高齢期／他

都市大 近藤雅雄・東農大短大 松崎広志編

コンパクト 基 礎 栄 養 学

61054-3 C3077　　　　B 5 判 176頁 本体2600円

基礎栄養学の要点を図表とともに解説。管理栄養士国家試験ガイドライン準拠。〔内容〕栄養の概念／食物の摂取／消化・吸収の栄養素の体内動態／たんぱく質・糖質・脂質・ビタミン・ミネラル(無機質)の栄養／水・電解質の栄養的意義／他

相模女子大 長浜幸子・前大妻女子大 中西靖子・東京都市大 近藤雅雄編

コンパクト 臨 床 栄 養 学

61056-7 C3077　　　　B 5 判 228頁 本体3200円

臨床栄養学の要点を解説。管理栄養士国試ガイドライン準拠。〔内容〕臨床栄養の概念／栄養アセスメント／栄養ケアの計画と実施／食事療法，栄養補給法／栄養教育／モニタリング，再評価／薬と栄養／疾患・病態別栄養ケアマネジメント

前日大 上野川修一編

食 品 と か ら だ
―免疫・アレルギーのしくみ―

43082-0 C3061　　　　A 5 判 216頁 本体3900円

アレルギーが急増し関心も高い食品と免疫・アレルギーのメカニズム，さらには免疫機能を高める食品などについて第一線研究者55名が基礎から最先端までを解説。〔内容〕免疫／腸管免疫／食品アレルギー／食品による免疫・アレルギーの制御

食品総合研究所編

食 品 大 百 科 事 典

43078-3 C3561　　　　B 5 判 1080頁 本体42000円

食品素材から食文化まで，食品にかかわる知識を総合的に集大成し解説。〔内容〕食品素材(農産物，畜産物，林産物，水産物他)／一般成分(糖質，タンパク質，核酸，脂質，ビタミン，ミネラル他)／加工食品(麺類，パン類，酒類他)／分析，評価(非破壊評価，官能評価他)／生理機能(整腸機能，抗アレルギー機能他)／食品衛生(経口伝染病他)／食品保全技術(食品添加物他)／流通技術／バイオテクノロジー／加工・調理(濃縮，抽出他)／食生活(歴史，地域差他)／規格(国内制度，国際規格)

◆ ケンブリッジ世界の食物史大百科事典〈全5巻〉 ◆

石毛直道・小林彰夫・鈴木建夫・三輪睿太郎 監訳

「食物」「栄養」「文化」「健康」をキーワードに，地球上の人類の存在に関わる重要な問題として，食の歴史を狩猟採集民の時代から現代に至るまで，世界的な規模で，栄養や現代の健康問題を含め解説した．著者160名に及ぶ大著．①「祖先の食・世界の食」②「主要食物：栽培植物と飼養動物」③「飲料・栄養素」④「栄養と健康・現代の課題」⑤「食物用語辞典」の全5巻構成．原著：K・F・カイプル，K・C・オネラス編 "The Cambridge World History of Food"

前国立民族学博物館 石毛直道監訳

ケンブリッジ 世界の食物史大百科事典 1
―祖先の食・世界の食―

43531-3 C3361　　B5判 504頁 本体18000円

考古学的資料を基に，狩猟採集民の食生活について述べ，全世界にわたって各地域別にその特徴がまとめられている．〔内容〕祖先の食／農業の始まり／アジア／ヨーロッパ／アメリカ／アフリカ・オセアニア／調理の歴史

東農大 三輪睿太郎監訳

ケンブリッジ 世界の食物史大百科事典 2
―主要食物：栽培植物と飼養動物―

43532-0 C3361　　B5判 760頁 本体25000円

農耕文化に焦点を絞り，世界中で栽培されている植物と飼育されている動物の歴史を中心に述べている．主要食物に十分頁をとって解説し，24種もの動物を扱っている．〔内容〕穀類／根菜類／野菜／ナッツ／食用油／調味料／動物性食物

元お茶の水大 小林彰夫監訳

ケンブリッジ 世界の食物史大百科事典 3
―飲料・栄養素―

43533-7 C3361　　B5判 728頁 本体25000円

水，ワインをはじめ飲み物の歴史とその地域的特色が述べられ，栄養としての食とそれらが欠乏したときに起こる病気との関連などがまとめられている．〔内容〕飲料／ビタミン／ミネラル／タンパク／欠乏症／食物関連疾患／食事と慢性疾患

元お茶の水大 小林彰夫・宮城大 鈴木建夫監訳

ケンブリッジ 世界の食物史大百科事典 4
―栄養と健康・現代の課題―

43534-4 C3361　　B5判 488頁 本体20000円

歴史的な視点で栄養摂取とヒトの心身状況との関連が取り上げられ，現代的な観点から見た食の問題を述べている．〔内容〕栄養と死亡率／飢饉／食物の流行／菜食主義／食べる権利／バイオテクノロジー／食品添加物／食中毒など

東農大 三輪睿太郎監訳

ケンブリッジ 世界の食物史大百科事典 5
―食物用語辞典―

43535-1 C3361　　B5判 296頁 本体12000円

植物性食物を中心に，項目数約1000の五十音順にまとめた小・中項目の辞典．果実類を多く扱い，一般にはあまり知られていない地域の限られた作物も取り上げ，食品の起源や用途について解説．また同義語・類語を調べるのに役立つ

東大 相良泰行編
食の科学ライブラリー1

食 の 先 端 科 学

43521-4 C3361　　A5判 180頁 本体4000円

〔内容〕形や色の識別／近赤外分光による製造管理／味と香りの感性計測／インスタント化技術／膜利用のソフト技術／超臨界流体の応用／凍結促進物質と新技術／殺菌と解凍の高圧技術／核磁気共鳴画像法によるモニタリング／固化状態の利用

東大 相良泰行編
食の科学ライブラリー2

食 品 感 性 工 学

43522-1 C3361　　A5判 176頁 本体4000円

味覚や嗜好などの感性の定量的な計測技術および食品市場管理への応用を解説した成書．〔内容〕食品感性工学の提唱／生体情報計測システム―味・匂いと脳波／食嗜好と食行動の生理／食嗜好の解析システム／プロダクトマネージメント

九大 山田耕路編著
食の科学ライブラリー3

食 品 成 分 の は た ら き

43523-8 C3361　　A5判 180頁 本体3200円

食品の機能性成分研究の最前線を気鋭の執筆陣が平易に解説．〔内容〕食品成分の腸管吸収機構／発がんのメカニズムと食品因子／免疫系への作用／血圧低下作用／ビタミン類／抗酸化フラボノイド／共役リノール酸／茶成分／香辛料成分／他

◈ 食物と健康の科学シリーズ ◈

食品の科学，栄養，そして健康機能を知る

前鹿児島大 伊藤三郎編
食物と健康の科学シリーズ
果 実 の 機 能 と 科 学
43541-2 C3361　　　　A5判 244頁 本体4500円

高い機能性と嗜好性をあわせもつすぐれた食品である果実について，生理・生化学，栄養機能といった様々な側面から解説した最新の書。〔内容〕果実の植物学／成熟生理と生化学／栄養・食品化学／健康科学／各種果実の機能特性／他

前岩手大 小野伴忠・宮城大 下山田真・東北大 村本光二編
食物と健康の科学シリーズ
大 豆 の 機 能 と 科 学
43542-9 C3361　　　　A5判 224頁 本体4300円

高タンパク・高栄養で「畑の肉」として知られる大豆を生物学，栄養学，健康機能，食品加工といったさまざまな面から解説。〔内容〕マメ科植物と大豆の起源種／大豆のタンパク質／大豆食品の種類／大豆タンパク製品の種類と製造法／他

酢酸菌研究会編
食物と健康の科学シリーズ
酢 の 機 能 と 科 学
43543-6 C3361　　　　A5判 200頁 本体4000円

古来より身近な酸味調味料「酢」について，醸造学，栄養学，健康機能，食品加工などのさまざまな面から解説。〔内容〕酢の人文学・社会学／香気成分・呈味成分・着色成分／酢醸造の一般技術／酢酸菌の生態・分類／アスコルビン酸製造／他

森田明雄・増田修一・中村順行・角川　修・鈴木壯幸編
食物と健康の科学シリーズ
茶 の 機 能 と 科 学
43544-3 C3361　　　　A5判 208頁 本体4000円

世界で最も長い歴史を持つ飲料である「茶」について，歴史，栽培，加工技術，栄養学，健康機能などさまざまな側面から解説。〔内容〕茶の歴史／育種／植物栄養／荒茶の製造／仕上加工／香気成分／茶の抗酸化作用／生活習慣病予防効果／他

前日清製粉 長尾精一著
食物と健康の科学シリーズ
小 麦 の 機 能 と 科 学
43547-4 C3361　　　　A5判 192頁 本体3600円

人類にとって最も重要な穀物である小麦について，様々な角度から解説。〔内容〕小麦とその活用の歴史／植物としての小麦／小麦粒主要成分の科学／製粉の方法と工程／小麦粉と製粉製品／品質評価／生地の性状と機能／小麦粉の加工／他

前宇都宮大 前田安彦・東京家政大 宮尾茂雄編
食物と健康の科学シリーズ
漬 物 の 機 能 と 科 学
43545-0 C3361　　　　A5判 180頁 本体3600円

古代から人類とともにあった発酵食品「漬物」について，歴史，栄養学，健康機能などさまざまな側面から解説。〔内容〕漬物の歴史／漬物用資材／漬物の健康科学／野菜の風味主体の漬物(新漬)／調味料の風味主体の漬物(古漬)／他

千葉県水産総合研 瀧口明秀・前近畿大 川崎賢一編
食物と健康の科学シリーズ
干 物 の 機 能 と 科 学
43548-1 C3361　　　　A5判 200頁 本体3500円

水産食品を保存する最古の方法の一つであり，わが国で古くから食べられてきた「干物」について，歴史，栄養学，健康機能などさまざまな側面から解説。〔内容〕干物の歴史／干物の原料／干物の栄養学／干物の乾燥法／干物の貯蔵／干物各論／他

共立女大 高宮和彦編
シリーズ〈食品の科学〉
野 菜 の 科 学
43035-6 C3061　　　　A5判 232頁 本体4200円

ビタミン，ミネラル，食物繊維などの成分の栄養的価値が評価され，種類もふえ，栽培技術も向上しつつある野菜について平易に解説。〔内容〕野菜の現状と将来／成分と栄養／野菜と疾病／保蔵と加工／調理／(付)各種野菜の性状と利用一覧

前ソルト・サイエンス研究財団 橋本壽夫・
日本塩工業会 村上正祥著
シリーズ〈食品の科学〉
塩 の 科 学
43072-1 C3061　　　　A5判 212頁 本体4500円

長年"塩"専門に携わってきた著者が，歴史・文化的側面から，塩業の現状，製塩，塩の理化学的性質，塩の機能と役割，塩と調理・食品加工，健康とのかかわりまで，科学的・文化的にまとめた。巷間流布している塩に関する誤った知識を払拭

上記価格（税別）は 2014 年 12 月現在